U0353474

液态二氧化碳相变致裂理论与应用研究

雷　云◎著

吉林大学出版社

长春

图书在版编目（CIP）数据

液态二氧化碳相变致裂理论与应用研究 / 雷云著. --
长春：吉林大学出版社，2021.7
ISBN 978-7-5692-8579-6

Ⅰ. ①液… Ⅱ. ①雷… Ⅲ. ①煤矿—瓦斯爆炸—防治
—研究 Ⅳ. ① TD712

中国版本图书馆 CIP 数据核字（2021）第 146194 号

书　　名：液态二氧化碳相变致裂理论与应用研究
　　　　　YETAI ERYANGHUATAN XIANGBIAN ZHILIE LILUN YU YINGYONG
　　　　　YANJIU
作　　者：雷　云著
策划编辑：卢　婵
责任编辑：卢　婵
责任校对：刘守秀
装帧设计：黄　灿
出版发行：吉林大学出版社
社　　址：长春市人民大街 4059 号
邮政编码：130021
发行电话：0431-89580028/29/21
网　　址：http：//www.jlup.com.cn
电子邮箱：jdcbs@jlu.edu.cn
印　　刷：武汉鑫佳捷印务有限公司
开　　本：787mm×1092mm　　　1/16
印　　张：13.75
字　　数：170 千字
版　　次：2021 年 7 月　第 1 版
印　　次：2021 年 7 月　第 1 次
书　　号：ISBN 978-7-5692-8579-6
定　　价：108.00 元

前　言

　　深部矿井低渗透高瓦斯煤层的煤与瓦斯安全高效共采问题，是制约我国煤炭工业可持续发展的主要难题。针对如何解决深部复杂地质条件下低渗透高瓦斯煤层渗透性的科学问题，本书提出了液态二氧化碳相变气爆致裂技术。本书采用理论分析、实验研究、数值模拟和现场工业对比实验相结合的研究方法，建立起较全面的液态二氧化碳相变气爆致裂技术理论及其应用体系。主要研究内容和取得的新认识如下。

　　从理论上分析了液态二氧化碳相变气爆和致裂增透的机理，解释了相变气爆阶段致裂器储气腔内二氧化碳沸腾膨胀蒸气爆炸的演化过程；揭示了气爆促使煤体裂隙区形成过程、分区特征、起裂条件和裂隙发育的规律；理论推导建立了液态二氧化碳相变气爆煤体的裂隙圈有效半径的计算公式。

　　基于自主设计搭建的物理实验平台，实验研究了液态二氧化碳点式聚能爆破压力随时间、位置变化的演化特性，实验得出正对爆破口处压力峰值为 244 MPa，升压时间约 1.2 ms，线性上升段和对数下降段压力时程拟合函数分别为 $P_g = 201\,940t$ 和 $P_g = -22.59\ln(t-t_0) + 15.84$；同时得出了距离致裂器爆破口 300 mm，600 mm 和 900 mm 处的压力峰值分别为 60 MPa，22.42 MPa 和 21.37 MPa，升压时间分别为 15.13 ms，15.42 ms 和 15.60 ms。随着距爆破口距离的增加，气体压力峰值先是快速降低，之后再缓慢平稳降低，总体呈现抛物线形式的变化规律。

基于建立的液态二氧化碳致裂器储气腔内沸腾膨胀泄爆过程的物理和数学模型，对储气腔内相变气爆演化过程进行了数值模拟研究，计算分析了压力场、温度场、流场和气液比率的演变规律，研究了储气腔内压力与相变沸腾耦合作用的流体动力学机理，阐述了储气腔泄爆过程两相流动的特征。

数值模拟研究了不同影响因素下低渗透高瓦斯煤层液态二氧化碳相变气爆致裂增透效果，结果表明当预裂缝长度增加时，气爆致裂影响范围以线性关系 $R=3.26L+0.446$ 趋势增大；气爆致裂影响范围随地应力 σ 的增加而呈现非线性指数函数形式的减小，两者的定量关系为 $R = 3.096\mathrm{e}^{-0.06\sigma}$；无论煤体强度是提高还是降低，其塑性区影响半径基本一致，煤体自身力学强度对气爆致裂范围影响甚小；随瓦斯压力的增加，气爆致裂煤体的影响范围有增加的趋势，气爆致裂影响半径与瓦斯压力变化的函数表达式为 $R = 0.041P_g + 0.743$。

系统阐述了液态二氧化碳致裂增透技术原理、工作原理及特征，分别研制了液态二氧化碳相变致裂增透配套装备的五大系统，提出了回采工作面巷道预排瓦斯带和液态二氧化碳相变致裂增透范围的测定方法，以解决致裂增透应用效果评判的问题。

前　言

回采工作面基于示踪气体法，实测得出了液态二氧化碳相变气爆致裂煤层的增透半径为 2 m，气爆促使影响范围内的煤层钻孔瓦斯涌出量提高 4～8 倍，瓦斯涌出衰减系数降低 0.76～0.93 倍。

煤巷掘进工作面基于瓦斯含量指标和煤钻屑解析指标，判定液态二氧化碳相变气爆能够实现煤巷掘进预抽时间由 30 天减少为 15 天或 16 天；对比实验还得出，沿二氧化碳致裂器聚能方向和非聚能方向百米钻孔，初始瓦斯涌出量相差 1.7 倍。

回采工作面不同增透技术的对比实验得出增透措施对煤体影响范围为水力压裂＞深孔聚能爆破＞液态二氧化碳相变气爆，抽采钻孔最大瓦斯体积分数为：液态二氧化碳相变气爆＞深孔聚能爆破＞水力压裂，抽采钻孔内瓦斯衰减系数为：液态二氧化碳相变气爆＜水力压裂＜深孔聚能爆破。同时，对比实验还对不同增透技术在现场实施过程中的效益、效率、效果和安全性指标进行了量化。

本书获得了"十三五"国家科技重大专项（2016ZX05067004-003）和煤矿安全技术国家重点实验室的共同资助，从而得以顺利完成，同时在完成著作过程中得到了作者的博士生导师西南石油大学张哨楠教授、中国科学院武汉岩土力学研究所刘建军教授的全程指导和帮助，在此表示感谢！

雷　云

2021 年 1 月 12 日

目 录

第 1 章　绪论

1.1　研究目的与意义

我国是全球最大的煤炭消费和生产国，煤炭资源储量占全世界探明储量的 45.7%，煤炭生产量占全世界生产总量的 38.2%，储量和产量均位居世界第一位。煤炭在我国能源结构中占据重要地位，约占能源总量的 70%，煤炭对我国发展国民经济具有重要作用（Qiang Wang et al.，2017；Erzi Tang et al.，2017）。作为全世界主要的产煤国之一，我国煤矿事故死亡人数是全世界其他所有产煤国总数的 3 倍以上，其中煤矿瓦斯事故尤为严重，占我国煤矿事故总数的 35% 以上（景国勋，2014；Wentao Yin et al.，2017）。随着我国浅部赋存的煤炭资源开采殆尽，矿井开拓开采逐渐进入煤层埋藏深部区域，煤层瓦斯含量与上覆基岩厚度成正比例关系，矿井采掘过程中瓦斯涌出量增加，原低瓦斯矿井逐步成为高瓦斯矿井，同时我国深部矿井普遍存在煤层渗透性差导致的抽采效果不佳的技术难题，所以煤矿瓦斯问题将长期制约我国的煤矿安全生产（邓健等，2016；Yun Lei et al., 2017）。

煤矿瓦斯（煤层气）作为一种非常规天然气资源已经逐步开发利用，已得到国家高度重视并陆续出台了一系列扶持政策，从而加快了煤层气开发利用领域的发展。根据统计数据，中国煤层气开发利用总产量由 2005 年的 23 亿 m³ 增产到 2015 年的 180 亿 m³，煤层气开发利用 10 年增长 7.8 倍，其中，地面井抽采量由 2005 年的 0.3 亿 m³ 增产到 2015 年的 44 亿 m³，煤矿井下抽采量由 2005 年的 23 亿 m³ 增产到 2015 年的 136 亿 m³。中国煤矿瓦斯事故 2005 年发生 414 起，事故死亡人数 2 171 人，2015 年瓦斯事故 45 起，事故死亡人数 171 人，可以看出煤矿煤层气抽采量与瓦斯事故发生率是明显的反比例关系（贾承造等，2014；张遂安等，2016）。

矿井瓦斯是影响煤矿安全生产的主要灾害之一，同时也是国民经济发展的重要清洁能源，高效抽采瓦斯是将灾害转变为能源的唯一途径。中国现有富含瓦斯煤层的高瓦斯矿井和突出矿井中属于低渗透煤层的占有量为 95% 左右，约有全国 53% 以上的煤炭资源位于地表千米以下，且所占比例将逐年增加，开采深度增加使得原煤瓦斯含量增大及煤层渗透性降低，瓦斯抽采难度进一步加大（孙建忠，2015；Jing Cai et al.，2017）。中国 20 世纪 50 年代抚顺矿区龙凤煤矿首次在井下采用负压抽采煤层瓦斯，近几十年来，国内外科研院校一直致力于研究高瓦斯低渗透煤层增透技术及装备，并取得了丰硕的科研成果（付江伟等，2016；李圣伟等，2016；马念杰等，2016；屠世浩等，2016）。

经过多年发展，目前我国在深部矿井低渗透高瓦斯煤层增透技术领域已逐步形成采动卸压增透技术、水力增透技术、深孔控制爆破增透技术和气相压裂增透技术等四个主要研究方向，已有大量现场应用研究成果表明这些增透技术能够有效提高低渗透煤层瓦斯抽采效果。现行诸多增透技术在现场应用过程中，还普遍存在受地质条件限制、工艺复杂、井下增透设备庞大、增透附加工程量大和安全隐患等诸多问题，导致针对煤矿低渗透煤层增透改造技术还未真正实现工业化推广应用。目前，我国深部矿井低渗透高瓦斯煤层高效强化抽采技术研究还在继续深入探索中，以寻求更经济、高效和安全的技术途径。

1.2　国内外研究现状

高瓦斯煤层是指原始煤层瓦斯含量大，且煤层赋存基本位于瓦斯风化带以下的埋藏较深的煤层，开采高瓦斯煤层过程中采掘扰动会导致工作面瓦斯大量涌出，制约安全生产。煤矿将钻孔瓦斯流量衰减系数和煤层透气性系数两个指标（见 AQ1027–2006 7.2.1）作为界定煤层渗透性高低的标准。由于低渗透高瓦斯煤层存在开采风险大和成本高的问题，国外绝大多数产煤国已关闭此类井工煤矿，仅采取施工地面钻井抽采煤层气资源。我国是全世界煤炭消费最大国，国内煤炭供需不平衡导致每年须从印尼、澳大利亚、朝鲜及越南等国进口煤炭，为了满足国民生产对煤炭资源的需求，我国煤炭开采还将持续向深部低渗透高瓦斯区域延伸。

我国煤矿瓦斯抽采始于 20 世纪 50 年代抚顺矿区龙凤煤矿建立瓦斯抽采泵站，在过去的 60 余年里经历了高渗透性煤层抽采、邻近层围岩抽采、低渗透煤层增透强化抽采和井上下联合抽采四个发展阶段（王耀锋，2015）。国内外研究人员基于不同理论基础已建立了相应的低渗透高瓦斯煤层增透强化抽采技术研究框架。

1.2.1 采动卸压增透技术研究现状

采动卸压增透技术通过调整煤层群开采过程中的采掘接续布置，首先开采原始瓦斯含量低及渗透性高的煤层，由于开采层采动卸压导致围岩破坏，采动影响扩展至邻近低渗透高瓦斯煤层，使该煤层在回采前瓦斯提前排放且渗透性大大增加，该技术是提高后采煤层的渗透性和预排瓦斯最经济、高效的增透技术。目前，根据矿井煤层赋存条件研究采动卸压增透技术是低渗透高瓦斯煤层增透领域的主要的研究方向之一。为了解决平顶山矿区深部低渗透近距离煤层群开采瓦斯防治技术难题，学者采用理论分析、物理和数值模拟结合的技术手段，研究深部矿井低渗透高瓦斯近距离上被保护层开采瓦斯通道演化规律及卸压抽采技术方法（王伟等，2016）。研究人员以淮北矿区深部低渗透煤层保护层开采为研究背景，研究得出保护层开采后被保护层煤层渗透率提高 4 320 倍（Kan Jin et al., 2016）。煤炭科学技术研究院以吕梁矿区低渗透突出煤层为研究背景，采用相似物理实验研究保护层和被保护层双重开采扰动情况下围压裂隙发育特征（程志恒等，2016）。基于采动卸压增透技术建立了煤层变形 – 气体扩散和瓦斯吸附解吸 – 渗流的气 – 固耦合模型，一些学者研究了保护煤层开采作用下的瓦斯运移规律（Banghua Yao et al., 2016），另外采用数值模拟和现场测试的方法研究了长距离下保护层开采时被保护层卸压变形、围岩裂隙发育、卸压保护效果和瓦斯流动规律（Haibo Liu et al., 2015）。以铁法矿区深部低渗透煤层为研究对象，采用保护层开采卸压增透后渗透率提高了 1 465 倍，煤层瓦斯抽采率从 45% 提高至 70% 左右，煤层瓦斯利用率从 23% 提高至 90% 左右（Jingyu Jiang et al., 2015）。部分学者采用相似物理材料模拟深部低渗透煤层保护层开采过程中采动卸压围岩破坏机制（Guangzhi Yin et al., 2015；程桃等，2016；宋卫华等，2016；梁冰等，2016；Yi Xue et al., 2016；张宏伟等，2016）。一些研究人员结合实验矿井煤层赋存特征，运用 FLAC3D，PFC2D，ANSYS，FULENT 和 UDEC 等软件数值模拟深部低渗透高瓦斯煤层采动卸压开采时围压裂隙演化规律和瓦斯流动状态（Xiangqian Wu et al., 2011；Guangzhi Yin et al., 2015；吴家浩等，2015；徐青云等，2016；陈彦龙等，2016；方家虎等，2016；邱伟等，2016；邱治强等，2016；闫浩等，2016；杨军伟等，2016）。

采动卸压增透技术在近距离煤层群开采过程中具有较好的适应性，但中国煤矿分布区域广阔，煤层赋存地质条件差异性大，例如单一煤层或远距离多煤层开采时，煤层地质因素限制了该技术的应用推广。结合我国煤矿分布特征，需要深入研究开发不受煤层赋存地质条件限制的低渗透高瓦斯煤层增透技术。

1.2.2　深孔控制爆破增透技术研究现状

深孔控制爆破增透技术是在煤矿井下预采工作面施工本煤层顺层炮孔，将煤矿批准使用的乳化炸药及起爆装置装入煤层炮孔封闭空间内爆破，炸药爆轰致裂煤层的增透技术。该技术的增透机理是将爆破钻孔内炸药起爆后产生的高强度爆轰波和高能爆生气体直接作用于爆破钻孔煤壁，爆炸产生的压力远远大于钻孔煤壁的自身抗压强度，导致爆破钻孔周围形成压缩性粉碎区、裂隙区和振动区，从而重构以爆破钻孔为中心的相互连通的裂隙网络，提供大量瓦斯流动的通道，实现增加煤层渗透性的目的。

目前，国内外学者针对深孔控制爆破进行了较为系统的研究，一些学者通过研究深孔爆破钻孔内径向应力与爆生气体压力的关系，发现了爆破孔煤壁裂纹在水平方向上的发育规律（Zhiliang Wang et al., 2014）。安徽理工大学的研究人员在低渗透突出煤层掘进工作面运用深孔预裂爆破增透技术提高煤层条带渗透性，实现了突出煤层快速掘进的目的（Feng Cai et al., 2011），以及在彬长矿区低渗透煤层运用深孔预裂爆破增透技术增加开采工作面月产煤量 47.34 kt，增透后煤层钻孔瓦斯浓度最大值为 86.2%，瓦斯浓度平均值为 40%，提高煤层渗透性效果非常明显（Jian Liu et al., 2015）。西班牙学者理论分析了炸药爆破机理，研制出能够提高爆破致裂效果的爆破系统（J.A. Sanchidrian et al., 2008）。波兰学者分析研究了煤矿深孔预裂爆破能量波及范围和诱发矿震的可行性（Łukasz Wojtecki et al., 2016）。印度学者提出爆破钻孔在线监测技术以提高爆破工艺效率（Piyush Rai et al., 2016）。一些学者通过构建煤层深孔控制预裂爆破损伤数学模型，运用 ANSYS/LS–DYNA，UDEC，FLAC^{3D} 和 RFPA 等软件模拟在不同爆破参数条件下低渗透高瓦斯煤层爆破钻孔裂隙演化规律和爆破能量衰减过程（Zegong Liu et al., 2012；Wancheng Zhu et al., 2013；Jun S. Lee et al., 2016；谢烽等，2016；徐向宇等，2016）。另外一些研究人员通过选取不同矿区低渗透煤层开展深孔控制爆破增透现场试验，研究了不同爆破钻孔直径、不同装药量、不同爆破孔布置间距、不同不耦合装药系数和不同起爆方式等条件，现场测试表明深孔控制预裂爆破能够有效提高本煤层抽采效果（Jingcheng Liu et al., 2011；Petr Konicek et al., 2013；龚国民，2015；谢正红等，2015；王道阳等，2015；吴海军，2015；刘健等，2016）。

深孔控制爆破增透技术用于煤矿提高低渗透高瓦斯煤层抽采效果，从而保障煤矿安全生产，但在煤矿井下使用爆破炸药的过程中时有事故发生，如 2005 年 11 月 8 日，新疆奇台县北塔山煤矿炸药爆炸事故造成 14 人遇难；
2010 年 6 月 21 日，河南平顶山市卫东区兴东二矿发生井下炸药自燃爆炸
事故造成 49 人遇难；2012 年 6 月 9 日，陕西白水县鸿森煤矿井下炸药爆
炸事故造成 3 人遇难，2013 年 6 月 23 日，新疆呼图壁县白杨沟煤矿井下
炸药爆炸事故造成 2 人遇难。由于深孔控制爆破增透技术在现场应用过程
中存在安全隐患和爆破工艺的复杂性，今后还需继续深入研究改进炸药爆
破增透技术及配套装备。

深孔控制爆破增透技术虽不受煤层赋存地质条件的限制，但是在使用
过程中存在较大潜在风险，制约着该技术的应用推广，需要深入研究开发
更安全的低渗透高瓦斯煤层增透技术。

1.2.3　水力增透技术研究现状

水力增透技术以高压水为动力促使煤层内原生裂隙扩大贯通形成裂
隙网络或者在物理作用引导下新形成煤层槽穴和孔洞，水力增透钻孔促使
煤岩体产生位移，从而实现低渗透高瓦斯煤层增透的目的。水力煤层增透
技术存在水射流、水力压裂和水力冲孔三个主要研究方向（王耀锋等，
2014；Quanle Zou et al., 2017；Yiyu Lu et al., 2017）。

1）水射流增透技术研究现状

高压水射流技术源于 20 世纪 30 年代的水射流采煤工艺，该技术经
过 90 余年的发展在工业生产中广泛应用。目前，水射流技术已运用在非
煤的其他领域，如将水射流技术运用于水射流切割破岩过程中的抑尘机理
（Hongxiang Jiang et al., 2017）；运用水射流原理研制出用于高精度的手术
医疗器械（Naci Balak, 2016）；利用水射流技术用于清洗墙体污垢，研究

不同墙体表面材料的射流参数（N. Careddu et al., 2016）；利用高压水射流粉碎工艺解决制备水煤浆能耗和颗粒度的问题（Longlian Cui et al., 2007；宫伟利等，2016）；利用超高压水射流破拆机器人液压和控制系统（杨文举，2016）；将高压水射流技术运用到回收废旧轮胎领域（张轲，2016）。现阶段，高压水射流技术在低渗透高瓦斯煤层增透方面主要运用于穿层钻孔煤层增透，由于顺层高压水射流钻孔易出现喷孔等瓦斯动力现象，从而诱导煤与瓦斯突出，所以仍有大量学者开展相关研究解决水射流增透方面的问题，如通过实验研究声波振动的空化水射流对煤体甲烷解吸速度的影响，得出甲烷解吸量从 13.4% 提高到 42.1%，解吸时间缩短了 12.5% ~ 21.5% 的结论（Haiyang Wang et al., 2016）；河南理工大学的何勇课题组针对高压水射流在松软煤层应用时易出现抱钻和堵孔的问题，在分析水射流增透钻孔内射流流场分布规律的基础上，提出合理的射流排渣清淤参数、清淤喷嘴布局和优化射流增透钻孔布置，研制出基于水射流技术的破煤、排渣及清淤的一体化装置及工艺（何勇等，2016a，2016b）；部分学者研究分析了水射流煤体割缝有效应力演化规律和卸压增透机理，采用 FLAC^{3D} 模拟射流作用于煤体有效应力的演化，在实验矿井考察测试水射流增透有效范围为 7 m 左右（Chunming Shen et al., 2015）；针对现场运用高压水射流技术煤体割缝增透时易发生喷孔动力现象的问题，通过优化水射流工艺将增透钻孔喷孔次数比例降低 4 倍，抱钻孔次数降低 30 倍，正常钻孔比例增加 2 倍以上，从而确保在施工水射流增透时的效率和安全系数（孙矩正等，2016）；高压水射流煤体粉碎生产速率具有极为复杂的非线性特征，很难建立粉碎生产速率的数学模型，作者运用人工神经网络建立粉碎生产率的数学模型，将该数学模型用于水射流煤体粉碎生产预测方面，结果表明满足预测精度的要求（Ruihong Wang et al., 2009）。一些学者基于有限元法和光滑粒子流体动力学（SPH）构建了水射流破岩的数值模型，研究水射流破岩效率及分析影响岩石动量、岩石能量、平均切削深度和平均切割宽度的主要因素（Xiaohui Liu et al., 2015）。中国煤炭科工集团沈阳研究院的王耀锋课题组依托国家"十二五"科技重大专项资助，研制出三维旋转水射流扩孔及割缝技术与配套装备，并在吕梁矿区、淮南矿区和焦作矿区开展井下低渗透高瓦斯煤层穿层钻孔增透试验，多个矿区现场测试表明三维旋转水射流增透技术能够大幅提高煤层渗透性（王耀锋，2014；高中宁等2014；李艳增，2015，2016）。

2）水力压裂增透技术研究现状

水力压裂增透技术已广泛应用于国内外低渗透储层非常规天然气开发技术领域，作为非常规天然气组成部分的煤层气水力压裂增透技术发展迅速（Xiaohui Liu et al., 2015；Bevin Durant et al., 2016；Dongxiao Zhang et al., 2016；Fern K. Willits et al., 2016；os é M. Estrada et al., 2016；Kui Liu et al., 2016；Xiaodong Zhang et al., 2016；Fan-xin Kong et al., 2017；Yuqing Sun et al., 2017；王永辉等，2012；谢和平等，2016；庄苗等，2016；柳占立等，2016；金衍等，2016；刘广峰等，2016）。已有大量学者运用理论分析、物理和数值模拟的技术手段构建完善煤层水力压裂增透技术的理论基础，并取得了较为系统全面的研究成果（Dazhao Song et al., 2015；Aleksandar Josifovic et al., 2016；Bingxiang Huang et al., 2016；Wentao Feng et al., 2016；Xiaodong Zhang et al., 2016；Junpeng Zou et al., 2017；Yuqing Sun et al., 2017；黄赛鹏等，2015；马耕等，2016；石欣雨等，2016；王利等，2016；王维德等，2016；赵亚军等，2016）。低渗透煤层水力压裂增透技术被广泛应

用于煤矿井下不同采掘作业地点，如国内一些研究人员将水力压裂增透技术应用于低渗透煤层石门揭煤工作面（贾方旭，2015；陈二瑞，2016）；部分学者将水力压裂增透技术应用于长治潞安矿区竖井掘进工作面（王骏辉，2016）；安徽理工大学科研人员在底板岩巷穿层向上部深部低渗透煤层运用水力压裂强化增透措施（蔡峰等，2016）；部分学者采用穿层钻孔煤巷条带水力压裂技术作为煤层巷道消除突出危险性的技术措施（袁志刚等，2016）；还有学者通过运用水力压裂增透技术在淮南矿区低渗透突出煤层开展增透试验（李经国等，2016）；在国内多个矿区采用水力压裂增透技术在煤矿井下开展的工作面增透试验研究均取得了理想增透效果（郭臣业等，2015；陈学习等，2016；陈二瑞等，2016；聂永瑞等，2016）。

煤矿井下水力压裂增透技术仍然存在以下待解决的问题（刘晓等，2016）；一是煤矿井下水力压裂的相关基础理论不完善，理论和模型多借鉴石油气开采和地面非常规天然气勘探开发，未形成结合我国深部低渗透高瓦斯煤层瓦斯赋存特征和采掘活动条件下应力场、裂隙场和渗流场的时空演化理论体系；二是煤矿井下水力压裂配套装备（泵组、封隔器）及压裂液材料有待提高，煤矿井下巷道内压裂作业条件极差，需要提高压裂设备在煤矿井下作业的适用性；三是需要进一步建立完善煤矿井下水力压裂可行性评价指标体系和压裂效果考察方法。

3）水力冲孔增透技术研究现状

水力冲孔增透技术运用水力扩大煤层钻孔孔径，在煤层钻孔内形成不规则孔洞，在应力作用下孔洞周围的煤体逐渐向钻孔中心位置蠕动，应力重新分布后煤体填充满水力冲孔钻孔。由于周围煤体逐渐向钻孔中心位置蠕动破坏了煤体原始赋存状态，导致周围原始煤体卸压渗透性增大。

在理论研究方面，郝富昌等通过研究水力冲孔周围煤体体积应变、孔径变化、应力变化和瓦斯运移的变化规律，揭示了低渗透松软高瓦斯煤层水力冲孔破坏煤体增加渗透性的控制作用机理（郝富昌等，2016）。河南理工大学学者基于 Bergmark-Roos 基础理论构建起煤岩摩擦力、冲孔水作用力和煤自重力等因素的水力冲孔破煤过程中的轨迹数学模型，并运用 MATLAB 数值模拟水力冲孔演化时空规律（马耕等，2016）。Xiangguo Kong 利用固体力学和 COMSOL Multiphysics 模块建立二维模型，研究水力冲孔直径、煤层原始瓦斯压力和煤层渗透性三个因素的耦合作用规律（Xiangguo Kong et al., 2016）。

在增透影响半径方面，基于煤层瓦斯流量和压力结合的测量方法得出水力冲孔消除低渗透煤与瓦斯突出危险性煤层的有效卸压范围（Li Bo et al., 2011）。采用现场测试的方法研究水力冲孔增加低渗透高瓦斯煤层渗透性影响范围（宋宇辰等，2016；刘彦鹏，2016）。

在煤矿井下现场应用方面，近些年来许多研究人员通过在我国不同矿区低渗透高瓦斯或突出煤层井下开展水力冲孔增透现场测试研究，结果表明水力冲孔增透技术能够有效提高低渗透煤层渗透性及消除煤与瓦斯突出危险性（董贺，2015；刘永江，2015；谢雷，2015；朱显伟，2015；张俊生；2016）。

研究表明，水力冲孔增透技术发展存在以下几点主要问题：一是对水力冲孔破煤卸压增透机理研究不深入，水力冲孔过程极为复杂，使得射流水、煤体和瓦斯的气–液–固三相作用的耦合关系极为复杂，受到多重因素和研究方法的限制未建立起完善的水力冲孔增透技术的理论体系；二是水力冲孔卸压增透半径测定存在误差，目前我国水力冲孔增透技术卸压增透半径测定采用压力法和流量法，或者两者结合的方法，由于在水力冲孔周围施工 3 ~ 5 个不同距离的考察钻孔，所以得到的卸压增透范围为区间值，因此基于此类方法考察卸压增透半径误差值较大；三是在复杂地质突出煤层，在采用水力冲孔卸压增透和消突措施时，易出现喷孔等瓦斯动力现象，人工操纵时极为危险，水力冲孔装备需要向集成化和智能化方向发展（李波等，2016；徐冬冬等，2016）。

水力增透技术在石油工程领域具有较好的普适性，但煤矿井下利用水力增透技术过程中存在突出煤层诱导突出的风险，以及工艺复杂和成本高的问题，需要深入研究高效率、高效益和本质安全的低渗透高瓦斯煤层增透技术。

1.2.4　气相压裂增透技术研究现状

高压气相压裂增透技术是利用外部加压装置将气体（空气或温室气体二氧化碳等）加注压缩至致裂器中，通过物理或化学作用起爆，从泄爆体瞬间释放出高压气体和高能冲击波作用于目标煤体，形成强烈破坏，高能冲击波传播至煤体内部形成裂隙区，增加爆破钻孔煤体裂隙网络。基于不同气体媒介的高压气体爆破增透技术分为高压空气爆破和液态二氧化碳相变爆破增透技术两个主要研究方向。

1）高压空气爆破增透技术研究现状

高压空气爆破增透技术原理是通过加压泵向放置在煤层钻孔内的致裂器加注空气，泵体与致裂器采用高压管连接，在致裂器泄爆口设置泄爆阀片，当加注压力超过泄爆阀片最大抗剪强度时，泄爆阀片被剪切破坏，高压空气从泄爆阀片涌出高能冲击钻孔煤体实现卸压增透。目前，辽宁工程技术大学的王继仁和贾宝山课题组进行了高压空气爆破增透机理理论研究，并通过构建煤层流体固 – 气耦合数学模型、相似物理模拟实验研究爆破渗透率变化规律（陈静，2009；史宁，2011）。中国煤炭科工集团沈阳研究院的高坤课题组依托国家发改委重大专项：低透气性煤瓦斯抽采增效技术开发和高能空气冲击钻孔强化抽采煤层气技术与装备，以及国家"十三五"大型油气田及煤层气开发科技重大专项的资助，系统研究高压空气爆破致裂本煤层增透机理和研发高压空气爆破增透配套装备，并开展实验室测试和现场工业化试验，已在重庆松藻矿区和淮南矿区低渗透高瓦斯煤层进行试验并取得预期增透效果（高坤，2013；李守国，2015；李守国等，2016；李守国等，2017a，2017b；聂荣山，2016；汪开旺，2016a，2016b，2017）。

高压空气爆破增透技术存在以下待解决的技术问题：一是高压空气爆破现场施工存在较大安全隐患，爆破增透工艺是向致裂器不断加注空气，压力不断升高直至泄爆点打开，全套设备连接点较多，连接管中间处断开会对操作工人的安全造成极大问题；二是在煤层巷道狭窄空间施工，加注泵等大设备会占据巷道生产作业空间；三是高压空气爆破现阶段最大爆破压力值在 100 MPa 左右，不及采用炸药的深孔控制爆破压力值的 10%，煤层增透效果受限。

2）液态二氧化碳相变爆破增透技术研究现状

液态二氧化碳相变爆破增透技术的基本原理是通过在地面或井下向额定容量的致裂器内加注液态二氧化碳，加注完成后向致裂器放置加热体和泄爆阀片，将灌装完成后单根致裂器串联放入爆破钻孔内，采用矿用起爆器远距离放炮启动爆破。

液态二氧化碳爆破技术起源于 20 世纪 60 年代的美国、英国、法国等一些工业发达的西方国家，由于这种物理爆破工艺有安全的本质特征，从而被用于采石场定向切割岩石、水泥厂脱垢和提高矿石粒度等方面（徐颖，1997；AKCIN N A，2000）。我国20世纪90年代中期开始引入二氧化碳爆破技术，原煤炭科学研究总院淮北爆破研究所的郭志兴介绍了二氧化碳爆破技术原理，并首次尝试地面爆破试验（郭志兴，1994）。中国矿业大学的邵鹏、徐颖、程玉生等对从国外购置来的二氧化碳爆破设备结构和操作工艺进行分析，并开展了简单的实验室试验研究（徐颖等，1996；邵鹏等，1997）。

液态二氧化碳爆破技术虽然起源时间较早，但由于国内自主生产加工致裂器的精密度达不到要求，靠国外进口成本过高，所以该项技术长期以来无法在煤矿井下进行可行性工业试验。目前，国内有四个科研院所的团队开展液态二氧化碳爆破技术研究。河南理工大学的王兆丰、曹运兴课题组采用英国CARDOX公司开发的煤矿井下液态二氧化碳相变爆破成套设备，在河南平顶山矿区、山西潞安矿区和阳泉矿区等低渗透高瓦斯煤层开展井下爆破增透试验（韩亚北，2014；孙小明，2014；张军胜，2014；王兆丰等，2015a；2015b，2016；陈喜恩等，2016；雷少鹏等，2016；李昊龙等，2016；许梦飞，2016；赵龙等，2016a，2016b；周大超等，2016；陈颖辉等，2017；洪紫杰等，2017）。中国煤炭科工集团北京研究院的霍中刚研究团队改进了液态二氧化碳爆破设备，并在复杂条件下开展液态二氧化碳爆破增透试验（范迎春等，2014；霍中刚等，2015；黄园月等，2015；贺超等，2017；王子雷，2017a，2017b；詹德帅，2017）。辽宁工程技术大学安全科学与工程学院的周西华、洪林课题组采用中国煤炭科工集团沈阳研究院研制开发的液态二氧化碳爆破设备，在低渗透煤层开展井下爆破增透试验（周西华等，2015a，2015b；洪林等，2017）。力学与工程学院的孙可明研究团队实验研究了超临界二氧化碳气爆的裂纹扩展规律（孙可明等，2016；孙可明等，2017a，2017b）。

中国煤炭科工集团沈阳研究院的张兴华、雷云、张柏林研究团队研发并取得了拥有自主知识产权的液态二氧化碳相变爆破全套装备，并在国内诸如阳泉矿区、彬长矿区、河津矿区等多个低渗透高瓦斯煤层开展了井下爆破试验研究（王会斌等，2015；陈善文等，2016；刘浩等，2016；王海东，2016；吴国群，2016；陈晨等，2017；韩颖等，2017；雷云等，2017；刘东等，2017；任志成等，2017；王伟等，2017；吴国群等，2017；张家行等，2017；邹德龙等，2017）。沈阳研究院针对二氧化碳致裂技术及装备已申请发明专利和实用新型专利共 6 项（王海东等，2015；王海东等，2016a，2016b；张柏林等，2016a，2016b；张兴华等，2016）。

1.3　液态二氧化碳相变致裂增透技术研究存在的问题

针对我国普遍存在的低渗透高瓦斯煤层高效增透的技术难题，由于液态二氧化碳相变气爆致裂增透技术不受煤层赋存地质条件限制，以及其具有本质安全、高效率和低成本的特点，该技术也成为我国深部井工煤矿低渗透高瓦斯煤层增透的一个重要的研究方向。

虽然液态二氧化碳相变爆破增透技术在我国多个矿区不同地质条件下的低渗透高瓦斯煤层开展了井下相关试验，但在理论及实验研究方面还有如下科学问题需要解决：

（1）点式聚能非平衡压降气相压裂的压降特性及其分布规律；

（2）致裂器储气腔内发生液态二氧化碳相变气爆过程中物理参数演变特征，以及储气腔内压力与相变沸腾耦合作用的流体动力学机理，储气腔泄爆过程两相流动的特征；

（3）基于点式聚能非平衡压降气相压裂的压降分布函数关系，理论分析气爆钻孔预裂纹长度、地应力、煤体强度、瓦斯压力、控制孔和延时微差对气爆致裂增透范围的控制作用；

（4）针对低渗透高瓦斯煤层系统全面地开展液态二氧化碳相变气爆致裂增透实验研究。

1.4 本书主要内容及技术线路

1.4.1 主要研究内容

本书主要依托国家科技重大专项子任务《井下液态二氧化碳致裂技术及应用》项目（编号：2016ZX05067004-003）开展低渗透高瓦斯煤层液态二氧化碳相变致裂增透理论及实验研究。

本书通过理论分析、实验研究、数值计算、现场实验设备研制和系统性工业实验结合的方法开展低渗透高瓦斯煤层液态二氧化碳相变致裂增透理论及实验研究，主要研究内容如下。

1）理论分析液态二氧化碳相变气爆致裂增透机理

基于热力学理论分析解释发生相变气爆的根本原因及控制因素，从而为液态二氧化碳相变气爆数值模拟和多点可控致裂器研制提供理论依据。基于断裂力学、岩体力学和爆破理论分析低渗透高瓦斯煤层气爆致裂裂隙区的演化过程及影响因素，从而为液态二氧化碳相变气爆压力实验和致裂增透数值模拟提供理论依据。

2）液态二氧化碳相变气爆压力实验研究

根据液态二氧化碳相变点式聚能气爆的特点，自主设计搭建了液态二氧化碳相变气爆压力实验平台，基于该实验平台实验研究点式聚能气相压裂的不同位置压力分布及变化规律。

3）液态二氧化碳相变气爆数值模拟研究

根据理论分析储气腔内液态二氧化碳沸腾膨胀蒸气爆炸机理，建立气爆物理和数学模型，数值模拟相变气爆过程中压力响应、温度响应、流场和气液比率随时间的演变规律，揭示液态二氧化碳相变气爆的机理。

4）液态二氧化碳相变致裂增透数值模拟研究

根据实验得出液态二氧化碳致裂压力分布特性曲线，运用动力有限差分软件计算分析考虑煤层钻孔预裂缝、地应力、煤体强度、瓦斯压力、控制孔和延时微差等因素对液态二氧化碳相变致裂增透效果的影响。根据理论分析、实验平台测试和数值模拟研究结果，揭示了低渗透高瓦斯煤层液态二氧化碳相变致裂增透的机理。

5）液态二氧化碳相变致裂增透及检测配套装备研究

根据液态二氧化碳相变点式聚能气爆致裂增透机理，自主设计研制多点可控液态二氧化碳相变致裂增透配套装备，同时研制超高精度示踪气体定量分析系统及检测工艺，提出测定煤巷预排瓦斯带宽度和气爆增透影响范围的方法。

6）液态二氧化碳相变致裂增透井下实验研究

利用研制的液态二氧化碳相变致裂增透及检测配套装备，在实验回采工作面开展致裂增透影响范围及煤层钻孔自然瓦斯涌出特征的实验研究；在实验煤巷掘进工作面开展致裂增透对煤层瓦斯含量和煤钻屑解析指标的影响实验，以及致裂器在聚能方向与非聚能方向气爆后煤层钻孔自然瓦斯涌出特征的对比实验；在实验回采工作面开展深孔聚能爆破、水力压裂和液态二氧化碳相变致裂三种不同增透技术的增透效果、施工效率、提升效益和工艺安全性的对比实验研究。

1.4.2　研究技术线路

以热力学、材料力学、岩体力学、断裂力学、渗流力学、爆破理论和弹性波理论为理论基础开展液态二氧化碳相变气爆致裂增透理论研究；根据理论分析结果建立气爆物理和数学模型，数值模拟相变气爆过程多参数的演变规律；基于自主设计搭建的物理模拟实验平台开展气爆物理模拟实验，实验得出点式聚能气相压裂不同位置的压力分布及演化规律；基于点式气相压裂压力分布特性曲线开展不同外界条件下液态二氧化碳相变致裂效果的数值模拟研究；通过自主开发研制的液态二氧化碳相变致裂爆破配套装备及超高精度示踪气体定量分析系统，进行井下现场增透及效果检验评判的实验研究，最后对理论分析、数值计算和现场实验的结果进行分析验证。

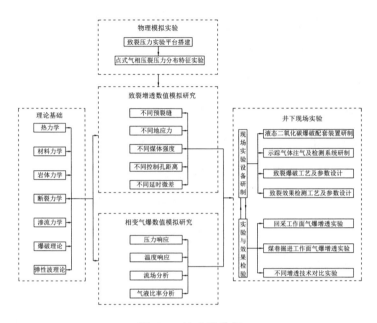

图 1-1　技术线路图

1.4.3　主要研究成果

（1）针对液态二氧化碳相变气爆的点式聚能非平衡压降气相压裂特性，首次提出并自主设计搭建了气爆压力测试物理实验平台，基于该实验平台研究得出模拟钻孔内气爆后不同位置的压力峰值、升压时间及其函数关系、降压时间及其函数关系。根据实测得出的气爆压力变化参数，可与相变气爆数值模拟结果进行对比验证，同时气爆压力变化参数是开展致裂增透数值模拟的基本条件。

（2）为了揭示致裂器储气腔内发生液态二氧化碳相变气爆的机理，本书对储气腔内相变气爆演化过程进行了数值模拟研究，计算分析了压力场、温度场、流场和气液比率的演变特征，阐述了储气腔内压力与相变沸腾耦合作用的流体动力学机理，阐述了储气腔泄爆过程两相流动的特征。

（3）为了揭示液态二氧化碳相变气爆致裂增透的机理，本书数值模拟分析了不同影响因素下低渗透高瓦斯煤层液态二氧化碳相变气爆致裂的增透效果，研究得出了气爆钻孔预裂纹长度、地应力、煤体强度、瓦斯压力、控制孔和延时微差对气爆致裂增透范围的控制作用。

（4）基于液态二氧化碳相变气爆致裂增透机理，自主设计研制了多点可控液态二氧化碳相变致裂增透配套装备的五个子系统，首次提出了回采工作面巷道预排瓦斯带和液态二氧化碳相变致裂增透范围的测定方法，以解决致裂增透应用效果评判的问题。

（5）为了研究液态二氧化碳相变气爆致裂增透技术的增透效果，开展了井下气爆致裂增透对比工业实验，实验研究表明液态二氧化碳相变气爆致裂煤层的增透半径为 2 m，气爆促使影响范围内的煤层钻孔瓦斯涌出量提高 4 ~ 8 倍，瓦斯涌出衰减系数降低 0.76 ~ 0.93 倍。煤巷掘进工作面气爆致裂增透后预抽时间可降低一半，能够实现煤巷快速掘进；同时对比实验还得出沿二氧化碳致裂器聚能方向和非聚能方向百米钻孔初始瓦斯涌出量相差 1.7 倍。

（6）为了综合考察常规增透技术的普适性，开展了回采工作面不同增透技术的对比实验研究，实验结果表明，增透措施对煤体影响范围为水力压裂＞深孔聚能爆破＞液态二氧化碳相变气爆，抽采钻孔最大瓦斯体积分数为液态二氧化碳相变气爆＞深孔聚能爆破＞水力压裂，抽采钻孔内瓦斯衰减系数为液态二氧化碳相变气爆＜水力压裂＜深孔聚能爆破；同时对比实验还对不同增透技术在现场实施过程中的效益、效率、效果和安全性指标进行了量化。

第2章　液态二氧化碳
相变致裂理论研究

　　液态二氧化碳相变致裂增透技术的基本原理是在二氧化碳致裂器内高压注入液态二氧化碳，通过人工远距离操作控制微电流激发内置的加热体，使储气腔的液态二氧化碳发生沸腾膨胀后打开泄爆阀片，大量高压气态二氧化碳从阀体出来直接作用于钻孔煤壁，促使影响范围内的煤体裂隙发育，从而提高煤体的渗透性。为了系统研究液态二氧化碳相变致裂增透机理，由液态二氧化碳相变致裂增透技术原理可以看出，液态二氧化碳相变致裂增透理论可分为两个相对独立的部分：一部分是从加热体激发开始，二氧化碳致裂器内部的储气腔内发生沸腾到液态二氧化碳膨胀蒸气爆炸；另外一部分是膨胀蒸气从阀体出来直接作用于钻孔煤壁进行高压气相压裂促使低渗透煤层增透。本章将主要围绕这两部分开展液态二氧化碳相变致裂增透理论研究。

2.1 液态二氧化碳沸腾膨胀蒸气爆炸机理分析

2.1.1 气液两相的亚稳态和非稳态

为了研究二氧化碳致裂器储气腔内液态二氧化碳的相变过程，引入液态二氧化碳亚稳态与非稳态的概念。根据麻省理工学院的 Reid 教授的过热极限理论，亚稳态是指储气腔内液态二氧化碳在受到外界较小扰动时其状态仍保持稳态，当受到外界扰动较大或温度达到上限值时，液态二氧化碳随即发生相变，气化为非稳态，这种相变为非平衡式相变，而且是短时间完成全部气化的急骤式相变，这种相变宏观上描述为"气爆"（R. C. Reid，1979）。液态二氧化碳发生相变流程的 $P–V$ 曲线如图 2-1 所示。

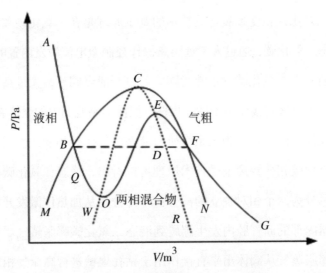

图 2-1　液态二氧化碳相变流程 $P–V$ 曲线图

当处于 A 点位置时，二氧化碳为液态，在等温膨胀压强下降至点 PB 时二氧化碳发生沸腾气化现象，在外界无扰动且压强和温度恒定情况下，二氧化碳将继续沿着 BDF 线变化，进行平缓的相变气化过程；若二氧化碳的纯度极高，储气腔壁面光滑平齐，二氧化碳体积膨胀至 C 点时仍为液体状态。当液相二氧化碳压强由 B 逐渐将至 O 时，在无外界较大扰动下将继续保持液相。在气相区，若 F 点等温压缩至 C 点时将发生冷凝现象。BO 段表示为过热液体的亚稳态曲线，EF 段表示为过饱和蒸气的亚稳态曲线，OE 段表示为极不稳的两相混合态曲线，其受外界扰动极易发生气化与冷凝现象。

2.1.2　液体过热理论分析

根据过热极限理论，容器（储气腔）内的饱和液相二氧化碳发生局部失效暴露（泄爆片打开），使得容器内的液相压强急骤降低，从而导致液相二氧化碳温度远高于该压强的沸腾点，液相二氧化碳处于过热态。过热温度会有一个极限值，当液相二氧化碳的过热温度超过这个极限值时，容器内的液相二氧化碳将发生均相核化，且发生均相核化的速度极快，在极短时间内相变气化形成大量气态二氧化碳，这个过热温度的极限值即为过热极限温度（徐济鋆等，1993；黄茜，2015）。当容器（储气腔）局部失效时，若液相二氧化碳温度未达到过热极限温度，容器（储气腔）只会发生普通沸腾气化，不会发生气爆现象。

在理论计算液相二氧化碳过热极限时，可运用如分子聚集理论、状态方程法和分子动力学理论等方法，由于难以确定液体亚稳态的微观参数以及成核速率的准确性等条件限制，很难采用上述方法准确计算过热极限。重庆大学的刘朝等提出了涨落理论计算液体过热极限的方法，解决了计算可行性和准确性的问题（徐书根，2010）。涨落理论认为，在稳态系统中涨落只是对系统平衡状态的一种干扰，对稳态系统不起关键性作用；而亚稳态系统中随着涨落会导致系统从一种状态转化为另外一种状态。若液体处于亚稳态系统中，在一定温度条件下，涨落的能量差与形成气泡所需功一致时液体会发生气化。基于此，此时液体的温度可视为液体均匀核沸腾时的过热极限值，液体亚稳态系统的尺度与形成气泡的临界半径为相同数量级（刘朝等，1997）。过热极限温度可以采用下式进行计算：

$$4\pi r_c^2 G + \frac{4\pi r_c^2 P_L}{3}\left(1 - \frac{P_V}{P_L}\right) = \left(\frac{4\pi r_c^3 P_L K T_L^2 C_{VL}}{3}\right)^{\frac{1}{2}} \qquad (2\text{-}1)$$

$$r_c = \frac{2G}{P_S \exp\left[\dfrac{v_L\,(P_L - P_S)}{R_C T_L}\right] - P_L} \qquad (2\text{-}2)$$

式中： π——常数；

r_c——临界气泡半径，m；

G——液体表面张力，N/m；

P_L——减压极限，MPa；

P_V——容器压力，MPa；

K——Boltzmann 常数；

T_L——过热极限，K；

C_{VL}——定容比热，J/（kg·K）；

P_S——饱和蒸气压，MPa；

v_L——液相体积，m³；

R_C——亚稳态系统的尺度，m。

2.1.3　沸腾及核化理论分析

液态二氧化碳相变为气态有蒸发和沸腾两种形式：蒸发是液态二氧化碳在任何温度状态下，其表面发生的缓慢气化行为；沸腾是液态二氧化碳在一定温度和压力条件下，通过气泡传热完成的剧烈气化行为。液态二氧化碳沸腾传热伴随着气泡的形成、发育和运动的全过程，气泡行为与产状是控制沸腾状态的主要因素。由动力学和热力学可知以下几点。

1）球形界面平衡条件

当液态和气态二氧化碳处两相球形界面的平衡状态时，则满足 Young-Laplace 方程：

$$P_q - P_l = \frac{2G}{r_c} \qquad （2-3）$$

式中：P_q——气泡内的平衡蒸气压，Pa；

　　　P_l——两相球形界面外的液体压强，Pa。

由式（2-3）可知，若气泡半径越大，则气泡内的平衡蒸气压与球形界面外的液体压之差越小。

2）气泡形成

当液态二氧化碳沸腾时，气泡产生与发育的必要条件为

$$r_c \geqslant r_0 = \frac{2GC_{P_L}}{RT_P \ln \dfrac{P_s}{P_q}} \qquad （2-4）$$

式中：r_0——平衡半径，m；

　　　C_{P_L}——液态比热容，J/g；

　　　T_P——平衡温度，K；

　　　P_s——饱和蒸气压，Pa；

　　　R——气体常数。

由式（2-4）可以看出以下几点。

（1）当气泡的半径大于平衡半径时，处于临界状态的气泡才能够发育。

（2）液态的热度越高，能够提供给气泡的动能越大，气泡发育速度

越快；气泡的平衡半径尺度与液体的过热度成反比例。

（3）在液体过热沸腾过程中，往往只有气泡半径大于或等于平衡半径时，气泡才能持续发育增大，而一些较小的气泡则无法发育增大，逐渐缩小并消失。

（4）当在纯净液体中时，由于纯净液体中气泡较小，使得只有在过热度很大时才会发生沸腾现象。

假设容器内的液体为不可压缩，气体为理想气体，满足（P_q–P_1）/ P_1<<1，气泡内的平衡蒸气压可以表示为

$$P_q = P_1 + （P_s - P_1）\left(1 - \frac{P_q}{P_1}\right) \tag{2-5}$$

式中：P_q——饱和蒸气压的密度，kg/m^3；

P_1——液体的密度，kg/m^3。

由式（2–3）、式（2–4）和式（2–5）可知：气泡形成和发育的必要条件是液体的过热和形成成核中心，促使气泡破裂必须满足液体热度能使气泡内部蒸气压大于气泡表面张力。

3）相变降压过程非平衡性

在上述分析中可知，气泡核化形成和发育的动力是液体的过热度，液体气泡成核速率 U_h 与液体的过热度关系可以表示为（黄茜，2015）

$$U_h = N_A \sqrt{\frac{2G}{\pi M_s B}} \exp\left(\frac{-16\pi G^3}{3k_b T_L （P_s - P_1）^2}\right) \tag{2-6}$$

式中：N_A——阿伏伽德罗常数；

M_s——相对分子量质量；

B——常数，达到力学平衡时取$\frac{2}{3}$，达到化学平衡时取 1；

k_b——玻尔兹曼常数。

4）气泡上升的平均速度

气泡形成后将逐渐上升，气泡上升的速度由力和传热两个因素主导，液体中气泡上升后的平均速度可以表示为（王庆慧，2011）

$$\bar{u} = c\left[\frac{gG(P_1 - P_q)}{P_1}\right]^{0.25} \qquad (2\text{-}7)$$

式中：c——系数，一般取 1.40 ~ 1.53；

g——重力加速度，m/s^2。

5）气泡上升至表面所需的平均时间为

$$\bar{t} = \frac{H}{c\left[\dfrac{gG(P_1 - P_q)}{P_1}\right]^{0.25}} \qquad (2\text{-}8)$$

式中：$\bar{t}$——液体中气泡上升至表面的平均时间，s；

H——液体的深度，m。

式（2-8）表示液态中气泡匀速上升，气泡平均上升距离为 $H/2$。

2.2　液态二氧化碳相变致裂煤体增透机理分析

2.2.1　液态二氧化碳相变爆破煤体裂隙区形成过程分析

液态二氧化碳相变爆破致裂煤层形成大量的次生裂隙区，这些次生裂隙区的形成主要是因为受到气爆应力波和爆生气体的共同作用。在靠近煤层钻孔煤壁近区先形成爆破粉碎区，钻孔周围煤体发生破坏变形，甚至爆破钻孔直接塌孔。在煤层钻孔煤壁周围将形成数倍于钻孔直径的新生裂隙，同时爆破将导通和扩展煤体影响范围内的大量原生裂隙，从而使得爆破钻孔周围产生大量的裂隙区，增加煤层瓦斯流体的通道，实现增加煤层渗透性的目的。

在爆破产生的应力波作用后，爆生气体将对致裂孔产生准静态应力场，并楔入应力波作用的张开裂隙中，爆生气体与煤层瓦斯共同作用于张开裂隙，从而在尖端形成应力集中，促使煤层裂隙继续扩展，在致裂钻孔周围形成径向交叉裂隙网络。在靠近控制孔方向，由于径向裂隙尖端应力场和反射拉伸波叠加作用，促使径向、环向裂隙持续扩展增加爆破影响范围，最终在煤层致裂钻孔周围形成破碎圈、裂隙圈和震动圈（蔡峰，2009）。爆破粉碎圈内，致裂钻孔周围煤体发生塑性变形，形成与径向方向较大角度的滑移面。爆破裂隙圈内，煤体未受到结构性破坏，但冲击波及爆生气体促使煤体形成大量次生裂隙。爆破震动圈内，煤体仅发生震动，由近至远震动逐渐衰弱消失，煤体未被爆破影响及产生新生的裂隙。液态二氧化碳相变气爆致裂煤体裂隙扩展形成的范围示意图如图 2-2 所示。

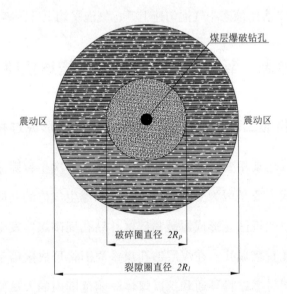

图 2-2　液态二氧化碳相变致裂煤体裂隙扩展范围示意图

　　液态二氧化碳相变气爆为点式爆破，致裂器泄爆阀体设计使得高能气体仅能沿泄爆口方向作用于煤体，液态二氧化碳相变爆破的形式为聚能爆破。液态二氧化碳相变爆破致裂煤体原理如图 2-3 所示。

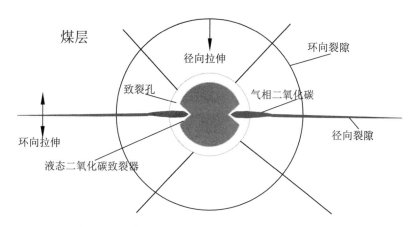

图 2-3　液态二氧化碳相变爆破致裂煤体原理图

　　根据已有爆破理论以及液态二氧化碳相变爆破致裂原理，建立气爆煤层钻孔周围煤体断裂力学模型，如图 2-4 所示。

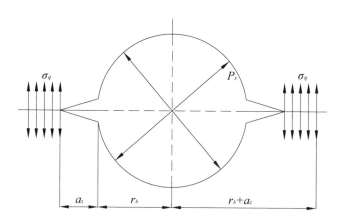

图 2-4　液态二氧化碳相变气破煤层钻孔周围煤体断裂力学模型图

高能气体从泄爆口喷出，楔入式作用于煤壁，煤体裂隙扩展尖端的应

力强度因子可以表示为

$$K_1 = P_s F_q \sqrt{\pi(r_b + \alpha_s)} + \sigma_q \sqrt{\pi \alpha_s} \qquad (2\text{-}9)$$

式中：P_s——液态二氧化碳相变爆生气体的瞬时压力，Pa；

$\quad\quad F_q$——尖端应力强度因子的修正系数，常数；

$\quad\quad r_b$——爆破致裂钻孔孔径，m；

$\quad\quad \alpha_s$——尖端裂隙扩展的瞬时长度，m；

$\quad\quad \sigma_q$——爆生气体楔入产生的切向应力，N。

随着液态二氧化碳相变气爆楔入作用逐渐衰减终止，可将裂隙扩展尖端处的应力强度因子表示为

$$K_1 = P_z F_q \sqrt{\pi(r_b + \alpha_z)} + \sigma \sqrt{\pi \alpha_z} \qquad (2\text{-}10)$$

式中：P_z——气爆产生的爆生气体充满致裂钻孔的压力，Pa；

$\quad\quad a_z$——气爆裂隙扩展的极限长度，m。

由断裂力学理论可知，气爆只有满足裂隙端部的应力强度因子 K_1 大于煤体的断裂韧性 K_{IC} 时，致裂钻孔裂隙才能开始扩展，则裂隙的起裂条件可以表示为（Guo D Y，et al，2013）

$$P_z > \frac{K_{IC} - \sigma_q \sqrt{\pi \alpha_z}}{F_q \sqrt{\pi(r_b + \alpha_z)}} \qquad (2\text{-}11)$$

液态二氧化碳相变气爆是侵楔式爆破增透技术，由于应力波和爆生气体作用于煤体，产生切向应力，从而减少了促使煤体裂隙起裂及扩展的压力，有利于在泄爆口方向的裂隙优先发育，所以在煤层钻孔布置致裂器时，泄爆口应沿着控制孔方向水平设置。

2.2.2　液态二氧化碳相变爆破煤体裂隙圈有效范围分析

根据弹性力学理论可知煤层爆破钻孔周围任意一点的应力状态可以表示为

$$
\left\{
\begin{array}{l}
\sigma_{rr_{geo}} = -\dfrac{\sigma_{rr_{geo}}}{2}\left[\left(1+K\right)\left(1-\dfrac{r_{b}^{2}}{r^{2}}\right)-\left(1-K\right)\left(1-\dfrac{4r_{b}^{2}}{r^{2}}+\dfrac{3r_{b}^{4}}{r^{4}}\right)\cos2\theta\right] \\[4mm]
\sigma_{\theta\theta_{geo}} = -\dfrac{\sigma_{yy_{geo}}}{2}\left[\left(1+K\right)\left(1-\dfrac{r_{b}^{2}}{r^{2}}\right)+\left(1-K\right)\left(1-\dfrac{4r_{b}^{2}}{r^{2}}+\dfrac{3r_{b}^{4}}{r^{4}}\right)\cos2\theta\right] \\[4mm]
\sigma_{r\theta_{geo}} = -\dfrac{\sigma_{yy_{geo}}}{2}\left[\left(1-K\right)\left(1+\dfrac{r_{b}^{2}}{r^{2}}+\dfrac{3r_{b}^{4}}{r^{4}}\right)\sin2\theta\right]
\end{array}
\right.
\quad (2\text{-}12)
$$

式中：$\sigma_{rr_{geo}}$、$\sigma_{\theta\theta_{geo}}$、$\sigma_{r\theta_{geo}}$——极坐标下煤体任一点处的应力状态；

$\sigma_{yy_{geo}}$——竖向地应力分量；

K——水平地应力侧压力系数；

θ——极坐标与水平方向的夹角。

致裂器与爆破孔中间存在缝隙，为不耦合致裂爆破，爆破孔初始冲击压力峰值可按下式表示（陈善文等，2016；雷云等，2017）：

$$
p_{c} = \dfrac{1}{2\left(1+\gamma\right)}\rho_{0}D_{v}^{2}n \quad (2\text{-}13)
$$

式中：ρ_{0}——液相二氧化碳常温状态下的密度，kg/cm^{3}；

D_{v}——致裂器爆生气体的爆速，m/s；

γ——二氧化碳相变爆轰产物的膨胀绝热指数，一般取 $\gamma=3$；

n——爆生气体膨胀碰壁时的压力增大系数，一般取 $n=10$。

气爆作用下的煤层钻孔孔壁煤体裂隙圈半径的力学模型见图 2-5 所示。图中 R_1 为气爆作用下裂隙圈的有效范围。

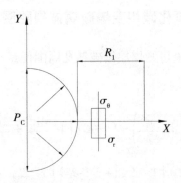

图 2-5　气爆作用于钻孔孔壁煤体裂隙圈半径的力学模型

　　液态二氧化碳相变气爆压力峰值与炸药相比差值较大，已有研究表明液态二氧化碳相变气爆较难形成大面积的破碎圈。本书主要针对液态二氧化碳相变气爆致裂形成的裂隙圈半径开展研究，当气爆冲击波衰减为压缩应力波时，煤体在爆炸应力波的作用下，煤体径向方向产生压应力和压缩变形，而切向方向将产生拉应力和拉伸变形。由于煤体的抗拉能力较差，当煤体所承受的切向应力超过其抗拉强度时，则在径向方向产生拉伸裂隙（王海东，2012）。

　　已有研究表明，气爆冲击波在煤体内衰减极快，其峰值压力随距离的变化规律可表示为（蔡峰，2009）

$$P(r)=P_c(\bar{r})^{-\alpha_s} \tag{2-14}$$

$$\bar{r}=\frac{r}{r_b} \tag{2-15}$$

$$\alpha_s=\left[\frac{2-\mu}{1-\mu}\right] \tag{2-16}$$

式中：$\bar{r}$ ——比距；

　　　 r ——距爆破钻孔中心的距离，m；

　　　 α_s ——冲击波在粉碎区内的衰减系数；

μ ——煤体的泊松比。

当气爆冲击波传播到压缩区边界时，冲击波衰减为应力波形式，根据动量守恒定律在煤体影响范围边缘处压力峰值 P_m 表示为（王海东，2012）

$$P_m= \rho_c c_p V_r \qquad (2-17)$$

式中：ρ_c——煤体的密度，kg/m^3；

c_p——衰变为弹性应力波的波速，m/s；

V_r——冲击波传递边缘处煤岩质点位移速度，m/s；

基于泊松效应，气爆应力波在裂隙区内产生的切向拉应力峰值可表示为

$$\sigma_{\theta\theta_{max}} = P_m\left[\frac{\mu}{1-\mu}\left(\frac{r_b}{r}\right)^{\alpha}\right] \qquad (2-18)$$

由于裂隙区内气爆应力波峰值较破碎区内冲击波峰值差值较大，考虑爆破钻孔周围煤体所受高地应力对气爆裂隙的影响，气爆裂隙区内煤体任意一点所受的总切向应力可表示为

$$\sigma_{\theta\theta_1}=\sigma_{\theta\theta_{max}} + \sigma_{\theta\theta_{geo}} = P_m\left[\frac{\mu}{1-\mu}\left(\frac{r_b}{r}\right)^{\alpha}\right] + \sigma_{\theta\theta_{geo}} \qquad (2-19)$$

以煤体的动态抗拉强度 σ_{dt} 代替式（2-19）中的 $\sigma_{\theta\theta_1}$，即可求得气爆后引起煤体的径向裂隙的扩展范围：

$$r_c = r_b\left[\frac{\mu P_m}{(1-\mu)(\sigma_{dt}-\sigma_{\theta\theta_{geo}})}\right]^{\frac{1}{\alpha}} \qquad (2-20)$$

因此，液态二氧化碳相变气爆致裂煤体裂隙圈有效范围为：

$$R_1 = r_c-r_b= r_b\left[\left(\frac{\mu P_m}{(1-\mu)(\sigma_{dt}-\sigma_{\theta\theta_{geo}})}\right)^{\frac{1}{\alpha_s}}-1\right] \qquad (2-21)$$

通过上述理论分析推导可看出，相变气爆作用下促使爆破钻孔周围形

成的裂隙圈有效范围不仅与二氧化碳致裂器泄爆峰值压力有关，而且与煤层承受地应力和煤体物性参数有关。

2.3 本章小结

本章理论分析了液态二氧化碳相变气爆致裂增透的两个主要过程，即分别对相变气爆和致裂增透机理进行了理论分析，取得以下结果。

（1）在分析气液两相区亚稳态和稳态、液体过热理论和沸腾及核化理论在液体二氧化碳相变气爆方面适用性的基础上，借助极限过热理论和涨落理论研究了在热作用下储气腔液态二氧化碳压力突降导致的二氧化碳沸腾膨胀蒸气爆炸的过程，同时为后续开展相变气爆数值模拟给出相变数学模型。

（2）分析了液态二氧化碳相变气爆在含瓦斯煤体中的作用机制，探讨了气爆促使煤体裂隙区形成过程和分区特征，理论分析楔入式聚能气爆煤层钻孔裂隙的起裂条件和裂隙发育规律。

（3）理论推导建立了液态二氧化碳相变气爆作用于煤体产生裂隙圈有效范围的计算公式为

$$R_1 = r_{\mathrm{b}}\left[\left(\frac{\mu P_{\mathrm{m}}}{(1-\mu)(\sigma_{\mathrm{dt}} - \sigma_{\theta\theta_{\mathrm{gro}}})}\right)^{\frac{1}{\alpha_s}} - 1\right]$$

第3章 液态二氧化碳相变气爆压力实验研究

液态二氧化碳相变气爆是一种点式气相压裂技术，高压气体从致裂器的泄爆阀头喷出填充钻孔，高压气体压力值将以泄爆头为起点逐渐降低。液态二氧化碳相变气爆与常规的乳胶炸药爆破原理及方式均不同，乳胶炸药爆破为钻孔全断面同压致裂，液态二氧化碳为压降式致裂。为了系统地研究液态二氧化碳相变致裂增透机理，则必须掌握液态二氧化碳相变点式压降式气相压裂的压力演化规律。通过研究液态二氧化碳相变气爆不同位置压力随时间的演化规律，可以验证理论计算的结果及提供数值计算所需的基础参数。

3.1 液态二氧化碳相变气爆压力实验方案设计

根据实验目的和要求，本书自主设计搭建了本次液态二氧化碳相变气爆压力实验平台及测试系统，该实验平台由动态信号采集系统、厚壁无缝钢管、压力传感器和二氧化碳致裂器四个部分组成。自主设计的测试实验平台如图 3-1 所示，气爆实验所需液态二氧化碳致裂器如图 3-2 所示。

图 3-1　液态二氧化碳相变气爆压力测试实验平台

图 3-2　液态二氧化碳相变气爆致裂器

在测试实验平台中可分为动态信号采集系统和物理模拟爆破系统。动态信号采集系统包括东华动态数据采集器、电荷信号放大器、数据传输线和笔记本电脑。物理模拟爆破系统包括厚壁无缝钢管、液态二氧化碳致裂器、加热体、泄爆阀体等，厚壁无缝钢管用于模拟煤层钻孔，设计模拟煤层钻孔的钢管内径为 78 mm，外径为 112 mm，长度为 1 300 mm，并在厚壁钢管上每隔 150 mm 设置 1 个压力监测孔用于安置压力传感器，共 4 个径向压力监测点。通过安装在不同位置监测孔上的压力传感器，能够真实完整地监测到点式气相爆破时不同位置的压力数据；同时在厚壁无缝钢管两端安装堵头，用来封闭爆破孔，其中一端堵头有沿其轴向贯通的 8 mm 通孔，用于相似模拟爆破期间爆破气体由孔壁向煤体内渗失的效应。厚壁无缝钢管通过顶丝固定在三棱支架上，支架采用沙袋及地锚固定于地面之上。

本次液态二氧化碳相变气爆压力实验致裂器选用中国煤炭科工集团沈阳研究院自主研发的型号为 MZL300-63/1000 的致裂器，泄爆阀片选用 200 MPa，加注二氧化碳的充装压力为 10 ~ 15 MPa，三个量程 100 MPa 的压阻式压力传感器和一个量程 200 MPa 的压电式压力传感器，四个压力传感器的频响均大于 100 kHz，满足致裂器爆破气体压力时程监测的动力特性要求。为更好捕捉到致裂器最大的压力时程，特将致裂器气体喷射孔放置于高量程的压力传感器附近。四个监测点位置分别为 A 点（正对爆破口 0 mm 处）、B 点（30 mm 处）、C 点（60 mm 处）和 D 点（90 mm 处），监测点安装位置示意图如图 3-3 所示。

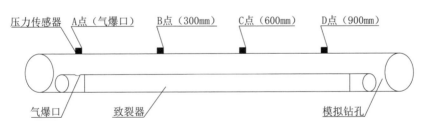

图 3-3　液态二氧化碳相变气爆压力实验监测点布置示意图

3.2　液态二氧化碳相变气爆压力时程分布规律

根据液态二氧化碳相变气爆压力测试的实验方案，型号为 MZL300-63/1000 致裂器的工况及规格参数如表 3-1 所示。

表 3-1　实验选用致裂器的工况及规格参数表

参数名称	致裂器型号	致裂器外径/mm	致裂器长度/mm	剪切片厚度/mm	加热体规格型号	二氧化碳充装量/g	最大设计充装压力/MPa
参数	MZL300-63/1000	63	1 000	3.8	D150/130	900±50	15

实验测试系统成功采集到了四个监测点的压力变化数据，在正对气爆口处的压力变化时程曲线如图 3-4 所示，考虑实验系统自有振动波干扰情况，监测了正对气爆口处滤波变化曲线如图 3-9 所示。

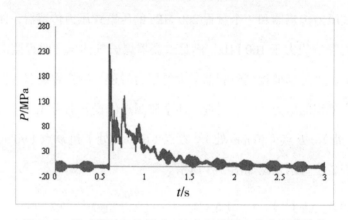

图 3-4　正对爆破口位置（A 点）气体压力变化时程曲线

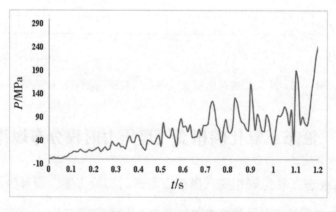

图 3-5　正对爆破口位置（A 点）气体压力时程上升段曲线

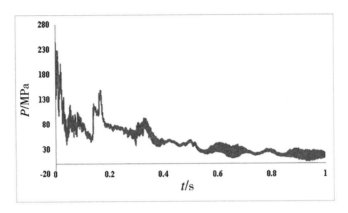

图 3-6　正对爆破口位置（A 点）气体压力时程下降段曲线

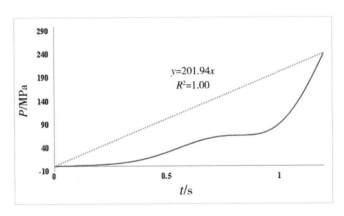

图 3-7　正对爆破口位置（A 点）气体压力时程上升段滤波数据与拟合曲线

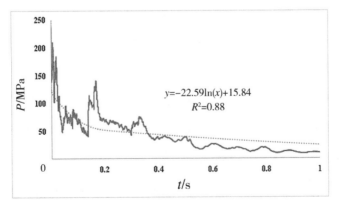

图 3-8　正对爆破口位置（A 点）气体压力时程下降段滤波数据与拟合曲线

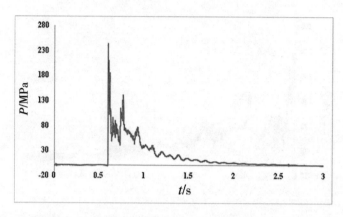

图 3-9 正对爆破口位置（A 点）滤波变化时程曲线

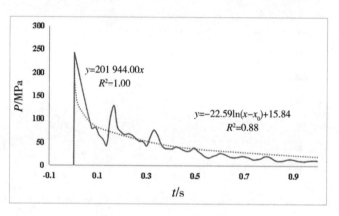

图 3-10 正对爆破口位置（A 点）气体压力时程拟合曲线

实验结果分析：由图 3-4 所示的原始监测时程曲线表明，爆破口处 A 点的压力时程趋势大体呈现急速上升段和非线性下降段。图 3-5 和图 3-6 的上升段和下降段时程曲线清晰地表明，无论上升段还是下降段的气体压力均呈现明显的波动现象，这不仅与压电传感器自身噪声有关，还与气体非均匀喷出现象有关。实验研究得出爆破口 A 点处的压力测得的压力峰值为 244 MPa 左右，升压时间约 1.2 ms。

图 3-7 和 3-8 给出了上升段和下降段的滤波数据及其拟合曲线，从图

中可知，爆破口处 A 点处上升段压力时程可近似简化为线性形状，下降段可以简化为对数形状。图 3-9 和图 3-10 是滤波后整条时程曲线及其拟合时程曲线，对比原始监测时程曲线可知，采用简化的线性上升段和抛物线式的下降段可较好地反应正对爆破口处气体压力时程的主要特征；可以得出爆破口 A 点处上升段和下降段压力时程拟合函数分别为 $P_g = 201\,940\,t$ 和 $P_g = -22.59\ln(t-t_0)+15.84$。

实验结果分析：图 3-11 至图 3-17 是距离爆破口 300 mm 处位置（B 点）压阻式压力传感器监测的原始压力时程曲线及其拟合曲线。与上述爆破口处的气体压力时程对比分析可知，该处压力时程同样包括快速上升段和非线性下降段，实测得出该处气爆后气体压力峰值为 60 MPa 左右，与爆破口处的 244 MPa 相比显著降低，气体压力上升时间为 15.13 ms 左右，与爆破口处的 1.2 ms 相比显著增大。

图 3-14 和图 3-15 给出了上升段和下降段的滤波数据及其拟合曲线，从图中可知，距离气爆口 300 mm 位置（B 点）上升段压力时程可近似简化为近线性形状，下降段可以简化为对数形状。上升段和下降段同样可用线性上升段和对数下降段来表征，上升段的拟合函数为 $P_g = 3\,793.10\,t$，下降段的拟合函数为 $P_g = -9.58\ln(t-t_0)+12.71$。

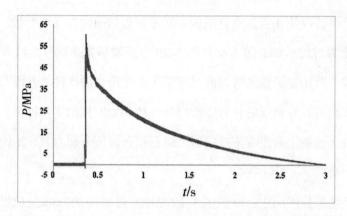

图 3-11　距爆破口 300 mm 位置（B 点）气体压力变化时程曲线

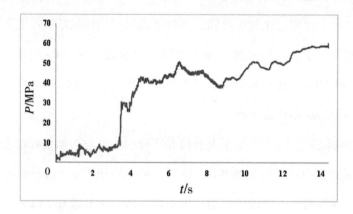

图 3-12　距爆破口 300 mm 位置（B 点）气体压力时程上升段曲线

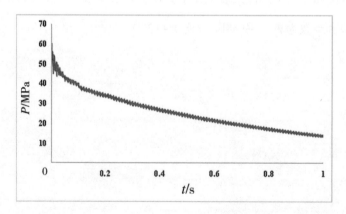

图 3-13　距爆破口 300 mm 位置（B 点）气体压力时程下降段曲线

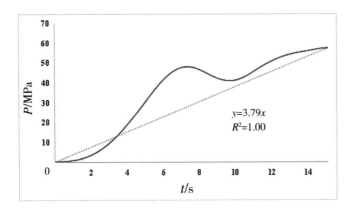

图 3-14　距爆破口 300 mm 位置（B 点）气体压力时程上升段滤波数据与拟合曲线

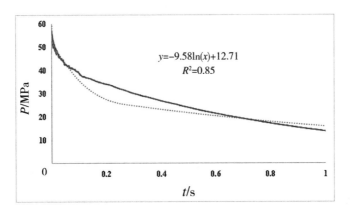

图 3-15　距爆破口 300 mm 位置（B 点）气体压力时程下降段滤波数据与拟合曲线

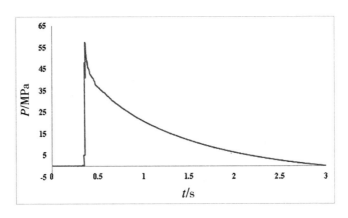

图 3-16　距爆破口 300 mm 位置（B 点）气体压力时程滤波数据曲线

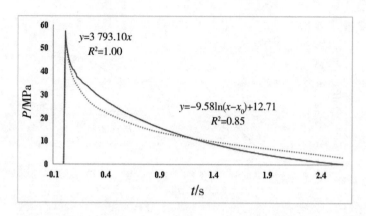

图 3-17　距爆破口 300 mm 位置（B 点）气体压力时程拟合曲线

在距离气爆口 600 mm 位置（C 点）处的压力变化时程曲线如图 3-18 所示，考虑实验系统自有振动波干扰情况，监测了距离气爆口 600 mm 位置（C 点）处滤波变化曲线如图 3-23 所示。

实验结果分析：图 3-18 至图 3-24 是距离爆破口 600 mm 处位置（C 点）压阻式压力传感器监测的原始压力时程曲线及其拟合曲线。与上述爆破口处的气体压力时程对比分析可知，该处压力时程同样包括快速上升段和非线性下降段，实测得出该处气爆后气体压力峰值为 22.42 MPa，与距爆破口 600 mm 处（C 点）的 60 MPa 相比显著降低，气体压力上升时间为 15.42 ms 左右。

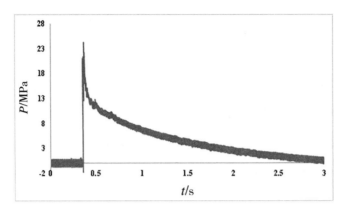

图 3-18 距爆破口 600 mm 位置（C 点）气体压力变化时程曲线

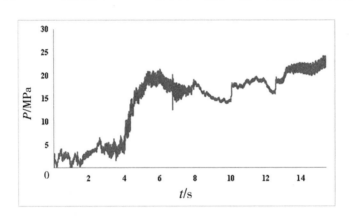

图 3-19 距爆破口 600 mm 位置（C 点）气体压力时程上升段曲线

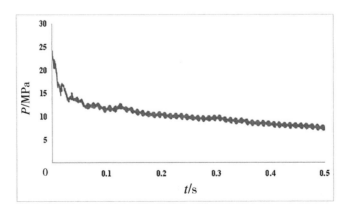

图 3-20 距爆破口 600 mm 位置（C 点）气体压力时程下降段曲线

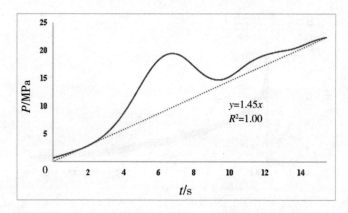

图 3-21　距爆破口 600 mm 位置（C 点）气体压力时程上升段滤波数据与拟合曲线

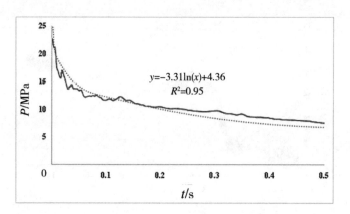

图 3-22　距爆破口 600 mm 位置（C 点）气体压力时程下降段滤波数据与拟合曲线

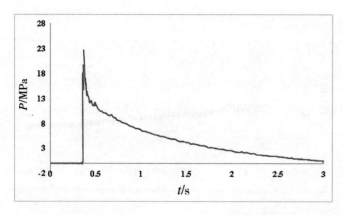

图 3-23　距爆破口 600 mm 位置（C 点）气体压力时程滤波数据曲线

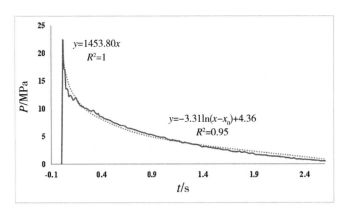

图 3-24　距爆破口 600 mm 位置（C 点）气体压力时程拟合曲线

图 3-28 和 3-29 给出了上升段和下降段的滤波数据及其拟合曲线，从图中可知，距爆破口 600 mm 处（C 点）上升段压力时程可近似简化为线性形状，下降段可以简化为对数形状。上升段和下降段同样可用线性上升段和对数下降段来表征，上升段的拟合函数为 $P_g = 1\ 453.80\ t$，下降段的拟合函数为 $P_g = -3.31\ln(t-t_0) + 4.36$。通过对比上升爆破口及距爆破口 300 mm 处（B 点）的压力时程曲线可知，距爆破口越远压力峰值和上升时间相差越小，压力时程曲线越接近。

实验结果分析：图 3-25 至图 3-31 是距爆破口 900 mm 处（D 点）的气体压力时程原始监测曲线、滤波时程曲线和拟合时程曲线。从实验结果的拟合曲线可知，该处的压力时程仍由快速上升的上升段和非线性下降段组成。距爆破口 900 mm 处（D 点）的气体压力峰值为 21.37 MPa，上升时间为 15.60 ms，上升段拟合函数为 $P_g = 1\ 369.90\ t$；下降段拟合函数为 $P_g = -2.68\ln(t-t_0) + 4.01$。通过对比上升爆破口及距爆破口 300 mm 和 600 mm 处的压力时程曲线可知，距爆破口越远压力峰值和上升时间相差越小，压力时程曲线越接近。

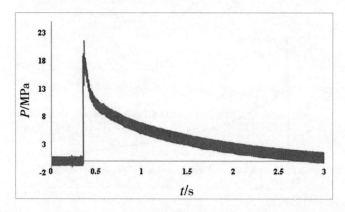

图 3-25　距爆破口 900 mm 位置（D 点）气体压力变化时程曲线

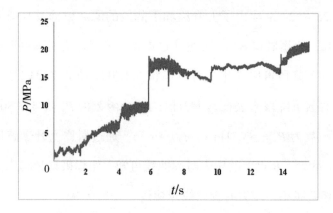

图 3-26　距爆破口 900 mm 位置（D 点）气体压力时程上升段曲线

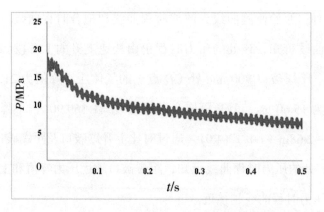

图 3-27　距爆破口 900 mm 位置（D 点）气体压力时程下降段曲线

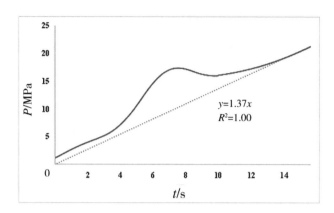

图 3-28　距爆破口 900 mm 位置（D 点）气体压力时程上升段滤波数据与拟合曲线

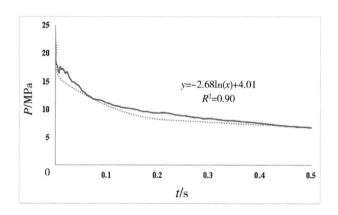

图 3-29　距爆破口 900 mm 位置（D 点）气体压力时程下降段滤波数据与拟合曲线

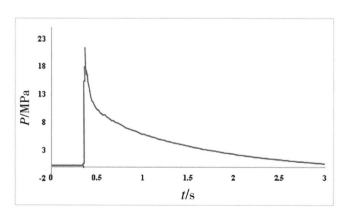

图 3-30　距爆破口 900 mm 位置（D 点）气体压力时程滤波数据曲线

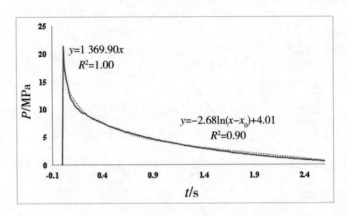

图 3-31　距爆破口 900 mm 位置（D 点）气体压力时程拟合曲线

由图 3-32 和图 3-33 分别给出了距爆破口不同位置处气体压力时程峰值和上升时间的变化曲线，从曲线分析结果可知，爆破口附近是气体压力高峰值区，随着距爆破口距离的增加，气体压力峰值先是快速降低，之后再缓慢平稳降低，总体呈现二次抛物线形式。爆破口处气体压力升压特别迅速，随距爆破口距离的增加，升压时间先是快速增大，之后缓慢增加直至最终基本相同，整体呈现幂函数形式。

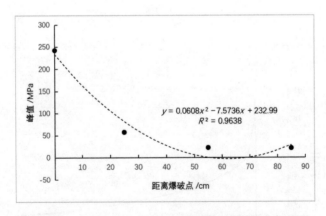

图 3-32　气爆气体压力峰值与爆破口距离的变化曲线

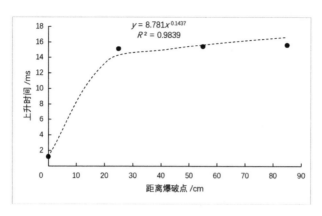

图 3-33 气爆气体压力上升时间与爆破口距离的变化曲线

综上液态二氧化碳相变气爆实验结果分析可知：液态二氧化碳致裂器爆破产生的气体压力在爆破孔内并不是均匀分布的，而呈现了显著的非线性分布特性，合理的工程设计及应用应考虑气体压力时程的上升时空分布规律。

3.3　本章小结

液态二氧化碳相变气爆与常规炸药的钻孔全断面同压爆破方式不同，液态二氧化碳相变气爆为点式聚能压降式爆破。为了得到液态二氧化碳相变气爆不同位置压力随时间的演化规律，本章基于自主设计搭建的实验平台实验研究得出以下结果。

（1）正对爆破口 A 点压力时程趋势大体呈现急速上升段和非线性下降段，无论上升段还是下降段的气体压力均呈现明显的波动现象，这不仅与压电传感器自身噪声有关，还与气体非均匀喷出现象有关。实验研究得出：爆破口 A 点处的压力测得的压力峰值为 244 MPa 左右，升压时间约 1.2 ms，同时得出爆破口 A 点处上升段和下降段压力时程拟合函数分别为 $P_g = 20\,1940\,t$

和 $P_g = -22.59\ln(t-t_0)+15.84$。

（2）距离爆破口 300 mm 处位置（B 点）压力时程分布呈快速上升段和非线性下降段，线性上升段拟合函数为 $P_g = 3\,793.10\,t$ 和对数下降段拟合函数为 $P_g = -9.58\ln(t-t_0)+12.71$，还得出该处气体压力峰值为 60 MPa 左右，与爆破口处的 244 MPa 相比显著降低，气体压力上升时间为 15.13 ms 左右，与爆破口处的 1.2 ms 相比显著增大。

（3）距爆破口 600 mm 处（C 点）的气体压力时程分布呈快速上升段和非线性下降段，线性上升段拟合函数为 $P_g = 1\,453.80\,t$ 和对数下降段拟合函数为 $P_g = -3.31\ln(t-t_0)+4.36$，该点的气体压力峰值为 22.42 MPa，上升时间为 15.42 ms。

（4）距爆破口 900 mm 处（D 点）的气体压力时程分布呈快速上升段和非线性下降段，线性上升段拟合函数为 $P_g = 1369.90\,t$ 和对数下降段拟合函数为 $P_g = -2.68\ln(t-t_0)+4.01$，该点的气体压力峰值为 21.37 MPa，上升时间为 15.60 ms。

（5）通过实验研究不同位置压力随时间演化规律发现，爆破口附近是气体压力高峰值区，随着距爆破口距离的增加，气体压力峰值先是快速降低，之后再缓慢平稳降低，总体呈现二次抛物线形式。爆破口处气体压力升压特别迅速，随距爆破口距离的增加，升压时间先是快速增大，之后缓慢增加直至最终基本相同，整体呈现幂函数形式。

第4章 液态二氧化碳相变气爆数值模拟研究

在储气腔内发生的液态二氧化碳相变气爆现象是极其复杂的过程，并且极快地发生，使得从外部是无法观测和捕捉相变气爆演变的规律的。通过对致裂器储气腔内相变气爆演化过程理论分析与数值计算，能够得出压力场、温度场、流场和气液比率的演变特征，揭示储气腔内压力与相变沸腾耦合作用的流体动力学机理，以及储气腔泄爆过程两相流动的特征。通过对比数值模拟压力场变化与第3章液态二氧化碳相变气爆压力值，能够相互验证理论分析与实验室测试研究结果的准确性。

4.1 液态二氧化碳相变气爆物理模型

在致裂器储气腔发生的二氧化碳相变气爆是液态二氧化碳沸腾膨胀爆炸性快速释放的过程，这个过程中伴随着极为复杂的传热及传质两相流问题。液态二氧化碳相变气爆泄压模型如图4-1所示。

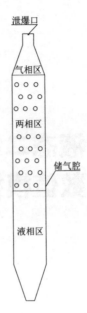

图 4-1　液态二氧化碳相变气爆泄压模型

气爆过程是极为复杂的传热及传质两相流问题，为了更好地开展相关研究，将物理模型做一些合理性假设和简化描述。

（1）加热体在完成储气腔加热后，液态二氧化碳相变气爆过程在几十毫秒内完成，可以将储气腔的厚壁钢管看成不可移动的绝热体。

（2）当储气腔顶部的泄爆阀片打开后，在出口附近的气相二氧化碳最先释放，稀疏波由泄爆口向液相区传递。

（3）当稀疏波传递至液相区与两相区界面后将继续往储气腔底部传递，在这个过程中底部液相二氧化碳不受稀疏波影响，继续保持饱和状态，液相区上部的液相二氧化碳受稀疏波影响发生沸腾。

（4）液态二氧化碳沸腾膨胀产生的大量气泡促使液体膨胀液面升高，随着储气腔压力降低，液相二氧化碳加剧沸腾产生气泡，使液相区演变为一个持续膨胀的两相流区。

此次建立的二维物理模型是依据中国煤炭科工集团沈阳研究院研发的致裂器 MZL300-63/1000 型实物建立的，该型号致裂器储气腔高度为 600 mm，长边宽度为 50 mm，窄边宽度为 20 mm。

4.2　液态二氧化碳相变气爆数学模型

基于质量守恒、能量方程及动量守恒方程建立了液态二氧化碳相变气爆过程的数学模型，由于考虑到储气腔内液态二氧化碳沸腾多相流间滑移速度及沸腾延迟的影响，所以本次模型采用 Mixture 多相流模型。

1）湍流模型

在工程中，$k\text{-}\varepsilon$ 模型被广泛应用，Realizable $k\text{-}\varepsilon$ 模型在混合流自由流动及分离流动情况下具有良好的适应性。Realizable $k\text{-}\varepsilon$ 模型的湍动能 k 方程和湍动耗散率 ε 方程为（叶志烜，2014）

$$\frac{\partial}{\partial t}(\rho k)+\nabla\cdot(\rho k \boldsymbol{v}_{\text{平}})=\nabla\cdot\left[\left(\mu+\frac{\mu_t}{\sigma_k}\right)\nabla k\right]+G_k+G_b-\rho\varepsilon-Y_{\text{M}}+S_k \qquad （4\text{-}1）$$

$$\frac{\partial}{\partial t}(\rho\varepsilon)+\nabla\cdot(\rho\varepsilon \boldsymbol{v}_{\text{平}})=\nabla\cdot\left[\left(\mu+\frac{\mu_t}{\sigma_\varepsilon}\right)\nabla\varepsilon\right]+\rho C_1 S\varepsilon-\rho C_2\frac{\varepsilon^2}{k+\sqrt{\boldsymbol{v}_{\text{瞬}}\varepsilon}}$$

$$+C_{1\varepsilon}\frac{\varepsilon}{k}C_{3\varepsilon}G_b+S_\varepsilon \qquad （4\text{-}2）$$

式中：$\boldsymbol{v}_{\text{平}}$——平均速度，m/s；

　　　$\boldsymbol{v}_{\text{瞬}}$——瞬时速度，m/s；

　　　G_k——速度梯度产生的湍动能 k 的产生相；

　　　G_b——浮力产生的湍动能 b 的产生相；

　　　Y_{M}——湍流传动扩展产生的动能；

　　　C_2——常数；

$C_{1\varepsilon}$——常数；

σ_k——湍动能 k 对应的 Prandtl 数；

σ_ε——湍动耗散率 ε 对应的 Prandtl 数；

S_k——自定义的源项；

μ_t——湍流黏度。

在式中（4–1）和（4–2）的系数和项可由如下计算得出：

$$C_1=\max\left(0.43,\ \frac{\eta}{\eta+5}\right),\ \ \eta=S\frac{k}{\varepsilon},\ \ S=\sqrt{2S_{ij}S_{ij}},\ \ S_{ij}=\frac{1}{2}\left(\frac{\partial u_j}{\partial x_i}+\frac{\partial u_j}{\partial x_j}\right)$$

其中，相关参数取值分别为 $\sigma_k=1.0$，$\sigma_\varepsilon=1.2$，$C_2=1.9$，$C_{1\varepsilon}=1.44$。

在式中（4–1）和（4–2）：

$$\mu_t=\rho C_\mu \frac{k^2}{\varepsilon} \tag{4–3}$$

其中，

$$C_\mu=\frac{1}{A_0+A_s\dfrac{kU^*}{\varepsilon}}$$

相关参数取值分别为

$$A_0=4.04,\ \ A_s=\sqrt{6}\cos\phi,\ \ \phi=\frac{1}{3}\cos^{-1}(\sqrt{6}\ W),\ \ W=\frac{S_{ij}S_{jk}S_{ki}}{\tilde{S}^3},\ \ \tilde{S}=\sqrt{S_{ij}S_{ij}}$$

$$U^*=\sqrt{S_{ij}S_{ij}+\bar{\Omega}_{ij}\bar{\Omega}_{ij}} \tag{4–4}$$

$$\bar{\Omega}_{ij}=\bar{\Omega}_{ij}-2\varepsilon_{ijk}\omega_k \tag{4–5}$$

$$\bar{\Omega}_{ij}=\bar{\Omega}_{ij}-\varepsilon_{ijk}\omega_k \tag{4–6}$$

式中：ω_k——角速度；

$\bar{\Omega}_{ij}$——转动速率张量。

2）多相流模型

多相流体连续性控制方程表示为

$$\frac{\partial}{\partial t}(\rho_h) + \nabla \cdot (\rho_h \boldsymbol{v}_m) = 0 \qquad (4-7)$$

$$\rho_h = \sum_{k=1}^{n} \alpha_k \rho_k \qquad (4-8)$$

式中：ρ_h——混合相的密度；

　　　$\boldsymbol{v}_m$——质量加权的平均速度。

$$\boldsymbol{v}_m = \frac{\sum\limits_{k=1}^{n} \alpha_k \rho_k \boldsymbol{v}_k}{\rho_h} \qquad (4-9)$$

$$\alpha_k = \frac{V_k}{\sum\limits_{i=1}^{n} V_i} \qquad (4-10)$$

式中：α_k——第 k 相的积分分数；

　　　ρ_k——第 k 相的密度。

对气液两相的动量方程求和得出混合相的动量方程为

$$\frac{\partial}{\partial t}(\rho_m \boldsymbol{v}_m) + \nabla \cdot (\rho_m \boldsymbol{v}_m \boldsymbol{v}_m) = -\nabla \cdot p + \left[\mu_m (\nabla \cdot \boldsymbol{v}_m + \nabla \cdot \boldsymbol{v}_m^{\mathrm{T}}) \right] + \rho_m \boldsymbol{g} + \boldsymbol{F}$$
$$+ \nabla \cdot \left(\sum_{k=1}^{n} \alpha_k \rho_{km} \boldsymbol{v}_{dr,k} \boldsymbol{v}_{dr,k} \right) \qquad (4-11)$$

式中：$\boldsymbol{F}$——体积力；

　　　μ_m——混合相的黏度；

　　　$\boldsymbol{v}_{dr,k}$——第二相漂移速度。

能量方程：

$$\frac{\partial}{\partial t} \sum_{k=1}^{n} (\alpha_k \rho_k E_k) + \nabla \cdot \sum_{k=1}^{n} (\alpha_k \boldsymbol{v}_k (\rho_k E_k + p)) = \nabla \cdot (k_{\text{eff}} \nabla \cdot T + \alpha_k \boldsymbol{v}_k (\tau)_{\text{eff}}) + S_{\text{E}} \quad (4-12)$$

式中：k_t——湍流导热率；

k_{eff}——有效导热率；

E_k——第 k 可压相；

S_{E}——体积热源相。

第二相体积分数方程表示为

$$\frac{\partial}{\partial t}(\alpha_p \rho_p) + \nabla \cdot (\alpha_p \rho_p \boldsymbol{v}_m) = - \nabla \cdot (\alpha_p \rho_p \boldsymbol{v}_{\text{dr},p}) + \sum_{q=1}^{n} (\dot{m}_{qp} - \dot{m}_{pq}) \quad （4-13）$$

式中：$\dot{m}_{qp}$——液态二氧化碳气化速率；

$\dot{m}_{pq}$——气相冷凝速率。

3）滑移速度模型

在多相流条件下，第二相速度 $\boldsymbol{v}_p$ 相对于第一相速度 $\boldsymbol{v}_q$ 称为滑移速度 $\boldsymbol{v}_{pq}$，可以表示为

$$\boldsymbol{v}_{pq} = \boldsymbol{v}_p - \boldsymbol{v}_q \quad （4-14）$$

任意相 k 的质量分数 x_k 可以表示为

$$x_k = \frac{\alpha_k \rho_k}{\rho_{\text{h}}} \quad （4-15）$$

第二相漂移速度 $\boldsymbol{v}_{\text{dr},p}$ 可以表示为：

$$\boldsymbol{v}_{\text{dr},p} = \boldsymbol{v}_{pq} - \sum_{k=1}^{n} x_k \boldsymbol{v}_{qk} \quad （4-16）$$

滑移速度在相之间，在一个空间尺度内实现局部平衡，可以表示为

$$\boldsymbol{v}_{pq} = \frac{\tau_p}{f_{\text{drag}}} \frac{\rho_p - \rho_{\text{h}}}{\rho_{\text{p}}} \boldsymbol{a} \quad （4-17）$$

$$\tau_p = \frac{\rho_p d_p^2}{18 \mu_q} \quad （4-18）$$

式中：τ_p——颗粒的弛豫时间；

f_{drag}——拽力函数；

d——第二相 p 的颗粒的直径。

$$f_{\text{drag}} = \frac{C_D Re}{24} \qquad (4-19)$$

$$C_D = \begin{cases} 24(1+0.15Re^{0.687})/Re & Re \leqslant 1000 \\ 0.44 & Re > 1000 \end{cases} \qquad (4-20)$$

$$Re = \frac{\rho_p |v_p - v_q| d_p}{\mu_q} \qquad (4-21)$$

第二相颗粒的加速度 a 可表示为：

$$a = g - (v_m \cdot \nabla)v_m - \frac{\partial v_m}{\partial t} \qquad (4-22)$$

将扩散相代入滑移速度的表达式为

$$v_{pq} = \frac{(\rho_p - \rho_m)d_p^2}{18\mu_q f_{\text{drag}}} a - \frac{\eta_d}{\sigma_t}\left(\frac{\nabla \cdot a_p}{a_p} - \frac{\nabla \cdot a_q}{a_q}\right) \qquad (4-23)$$

式中：σ_t——Prandtl/Schmidt 数；取值 0.75；

η_d——湍流扩散系数，可以由下列诸式求出。

$$\eta_d = C_\mu \frac{k^2}{\varepsilon}\left(\frac{\gamma_\gamma}{1+\gamma_\gamma}\right)(1+C_\beta \zeta_\gamma^2)^{-\frac{1}{2}} \qquad (4-24)$$

$$\zeta_\gamma = \frac{|v_{pq}|}{\sqrt{\frac{2}{3k}}} \qquad (4-25)$$

$$C_\beta = 1.8 - 1.35\cos^2\theta \qquad (4-26)$$

$$\cos\theta = \frac{v_{pq} \cdot v_p}{|v_{pq}||v_p|} \qquad (4-27)$$

4）相变模型

储气腔内的液态二氧化碳相变气化过程，两相互换的计算方法如下（鲁钟琪，2002；Talebi S, et al., 2009）。

沸腾状态 $T > T_{sat}$ 时：

$$R_1 = -\lambda \alpha_1 \rho_1 \frac{|T - T_{sat}|}{T_{sat}} \quad , \quad R_v = \lambda \alpha_1 \rho_1 \frac{|T - T_{sat}|}{T_{sat}} \qquad （4-28）$$

凝结状态 $T < T_{sat}$ 时：

$$R_1 = \lambda \alpha_v \rho_v \frac{|T - T_{sat}|}{T_{sat}} \quad , \quad R_v = -\lambda_v \alpha_v \rho_v \frac{|T - T_{sat}|}{T_{sat}} \qquad （4-29）$$

式中：R_1——液相二氧化碳的质量原相；

R_v——气相二氧化碳的质量原相；

α_1——液相二氧化碳的体积分数；

α_v——气相二氧化碳的体积分数；

ρ_1——液态二氧化碳的密度；

ρ_v——气态二氧化碳的密度；

T——储气腔系统温度；

T_{sat}——腔内饱和温度；

λ_1，λ_v——质量传输时间松弛因子，均取值 0.1。

液气两相交界面的换热量的气化潜热 q_r 可以表示为

$$q_r = R_1 h_{fg} \qquad （4-30）$$

储气腔内液相二氧化碳蒸发速率 Γ_{1v} 和气相二氧化碳冷凝速率 Γ_{v1} 可表示为

$$\Gamma_{1v} = \frac{h_{1v} A_{1v}(T_{sat} - T_1)}{h_{fg}} \quad , \quad \Gamma_{v1} = \frac{h_{1v} A_{1v}(T_1 - T_{sat})}{h_{fg}} \qquad （4-31）$$

式中：h_{1v}——液气两相的换热系数；

　　　A_{1v}——换热界面的截面面积。

4.3　模型初始及边界条件

4.3.1　模型初始条件

本次数值模拟研究运用 CFD 商业软件 FLUENT 自带模块，FLUENT 是基于有限体积法在计算域上将带求解的偏微分方程进行近似离散，从而得到离散方程组；通过求解离散方程组，能够得到网格节点的解，节点之间通过插值的方法得到近似解，最终运用变量的离散分布近似解代替了精确解（叶志恒，2014）。

模拟中采用致裂器原型尺寸建立物理模型，取储气腔顶部的泄爆口处的泄爆片打开瞬间作为初始时间 t=0 时刻，模拟计算分析储气腔内各物性参数及流场的变化规律，系统的初始条件如下。

（1）储气腔内的液态二氧化碳为超临界状态，腔内液相二氧化碳填充量为 90%，气相二氧化碳为饱和状态。

（2）储气腔的初始温度为 404 K，腔内温度分布均匀。

（3）在初始时间 t=0 时刻，饱和蒸气压为 200 MPa。

（4）泄爆口位于模型最顶部，泄爆口直径为 12 mm。

4.3.2　模型边界条件

将致裂器壁面假设为不可移动的绝热壁面，出口边界为压力泄爆口，降压泄放过程为喷灌流动的模型。Leung 教授在 1986 年首次提出了表征闪蒸两相临压力的参数，即可压缩流动因子 ω（Leung J C, 1986）。Diener R, Schmidt J R 在 Leung 模型的基础上考虑了非平衡的因素，即沸腾延迟及两相间存在相对滑移，引入了半经验的非平衡因子 F_p（$0 \leqslant F_p \leqslant 1$），给出了可压缩流动因子的求解方程（Diener R et al., 2004, 2005）：

$$\omega = \frac{\dot{x}_0 v_{g0}}{v_0} + \frac{c_{pf0} T_0 p_0}{v_0}\left(\frac{v_{fg0}}{h_{fg0}}\right)^2 F_p \tag{4-32}$$

式中：$\dot{x}_0$——初始状态下气相的质量分数；

v_0——混合相的比体积，$v_0 = \dot{x}_0 v_{g0} + (1-\dot{x}_0) v_{f0}$

v_{fg0}——气液两相比体积之差，$v_{fg0} = v_{g0} - v_{f0}$；

h_{fg0}——相变焓，$h_{fg0} = h_{g0} - h_{f0}$。

$$F_p = \left[\dot{x}_0 + c_{pf0} T_0 p_0 \left(\frac{v_{fg0}}{h_{fg0}}\right)\ln\left(\frac{1}{\eta_{cr}}\right)\right]^a \tag{4-33}$$

式中：α——经验参数，对于短喷嘴、孔板和控制阀等结构，取 $\alpha = 0.6$；对于高升力的控制阀和安全阀等结构，取 $\alpha = 0.4$；对于大面积比的孔板和长喷嘴等结构，取 $\alpha = 0$。

本书采用的喷管流动模型，该参数取值 $\alpha = 0.6$。

当 $\omega \geqslant 2$ 时：

$$\eta_{cr} = 0.55 + 0.217(\ln\omega) - 0.046(\ln\omega)^2 + 0.004(\ln\omega)^3 \tag{4-34}$$

当 $\omega \leqslant 2$ 时：

$$\eta_{cr}^2 + (\omega^2 - 2\omega)(1-\eta_{cr})^2 + 2\omega^2\ln(\eta_{cr}) + 2\omega^2(1-\eta_{cr}) = 0 \tag{4-35}$$

通过式（4-32）~式（4-35）可以得出临界压力为（叶志恒，2014）

$$p_{cr} = \eta_{cr} p_0 \tag{4-36}$$

本书假定外界环境压力为大气压 p_b（恒定不变），储罐出口压力为 p_{out}，那么：

（1）当 $p_b < p_{cr}$ 时，即泄放过程为临界流动，此时

$$p_{out} = p_{cr} \qquad\qquad （4\text{-}37）$$

（2）当 $p_b \geqslant < p_{cr}$ 时，即泄放过程为亚临界流动，此时

$$p_{out} = p_b \qquad\qquad （4\text{-}38）$$

4.4　数值模拟结果分析

4.4.1　压力响应分析

图 4-2 显示了致裂器储气腔内不同时刻压力分布图，从图中可以看出，设定泄压开始时间 $t=0$ ms 时刻，数值计算结果显示 $t=1$ ms 时刻储气腔顶部的泄爆口压力峰值达到 245 MPa，泄爆突然压降后稀疏波快速向储气腔底部传播，泄爆持续至 120 ms 左右时出现了压力反弹升高现象，但随后又逐渐降低趋于平稳。通过对比数值模拟结果与图 4-3 所示的实测正对爆破口位置的气体压力时程数据，可以看出数值模拟与实测数据反映的压力变化趋势基本一致。

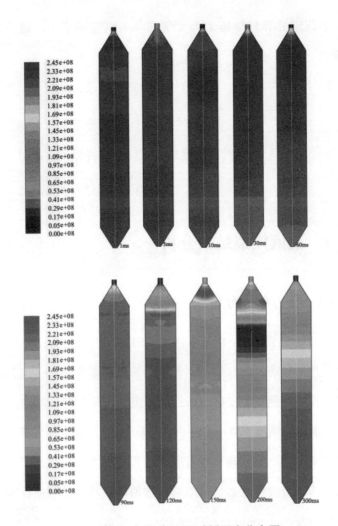

图 4-2　致裂器储气腔内不同时刻压力分布图

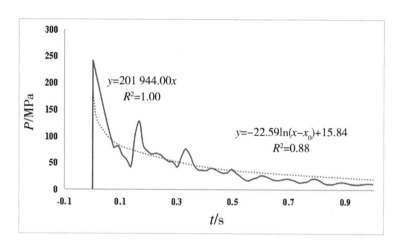

图 4-3　实测正对爆破口位置的气体压力时程拟合曲线

在图 4-2 和图 4-3 中泄压后 120 ms 至 150 ms 均反映出压力反弹升高的现象，分析其主要原因是随着储气腔压力持续降低，相变沸腾剧烈，腔体内气泡发育持续增大形成不断膨胀变化的两相层流，膨胀压缩波向气相区和液相区传递，由于压缩泄爆口气相区空间使得该区域压力快速升高。两相层流向液相区扩展，压缩波对液相沸腾有抑制作用，使得压力在短暂升高后缓慢降低，而在 300 ms 以后相变时间里的实测压力变化中又出现短暂升高的现象，也可以判定是腔体内两相层流膨胀压缩波导致的。

4.4.2　温度响应分析

为了研究气爆启动后致裂器储气腔内气相区和液相区温度与启动时间的变化规律，在系统中的气相区设置温度监测点 T_1，在液相区设置温度监测点 T_2，系统监测点布置图如图 4-4 所示。

致裂器储气腔监测点 T_1 和 T_2 温度响应结果如图 4-5 和图 4-6 所示，通过拟合曲线可以看出，随着气爆启动泄压开始，气相区和液相区的温度整体呈下降趋势，分析其原因是泄爆阀片被打开后，过热液态二氧化碳发生沸腾膨胀相变，相变过程伴随着大量气泡形成与发育以及液体表面蒸发现象，这些物理变化都需要吸收热量。相变过程时间极短，与外界发生热交换的热量可忽略，储气腔内发生相变需要的热量只能从过热液体中提供，导致系统内相变过程伴随着温度的持续降低。气液两相区监测点的降温过程可以看出三个降温区段：第一区段 30 ms 内温度下降速率最高，表明相变沸腾效应最强；第二区段 30 ~ 200 ms 内温度下降速率放缓；第三区段 200 ms 以后储气腔内主要表现为蒸发和气化吸热。

由于液相区沸腾膨胀速度极快，泄爆阀片打开后迅速填充整个储气腔，为了研究相变前期气相区和液相区温度变化规律，提取温度监测点 T_1 和 T_2 在起爆后 10 ms 内的数据拟合曲线如图 4-7 和图 4-8 所示。气相区温度监测点 T_1 在起爆后 5 ms 内有一个温度上升的过程，分析原因是气相区靠近泄爆口最先释放，而下部的液相区相变膨胀逐渐上升，热传导至监测点 T_1 处，使得该点温度持续上升达到储气腔平均温度，随着泄压过程腔内各点温度下降。液相区温度监测点 T_2 从气爆泄压开始温度便持续降低，因为位于液相区温度从相变沸腾膨胀开始仅受气泡形成和发育的单一因素影响。

图 4-4　致裂器储气腔内温度监测点布置图

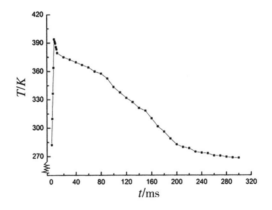

图 4-5　致裂器储气腔内监测点 T_1 温度响应曲线

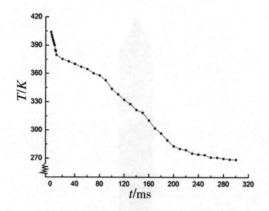

图 4-6　致裂器储气腔内监测点 T_2 温度响应曲线

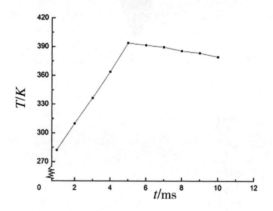

图 4-7　致裂器储气腔内监测点 T_1（10 ms 内）温度响应曲线

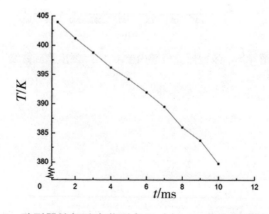

图 4-8　致裂器储气腔内监测点 T_2（10 ms 内）温度响应曲线

图 4-9 显示了起爆后致裂器储气腔内不同时刻温度分布图，由图中可以看出：起爆后储气腔顶部的泄爆口气相区温度最先发生变化，随着稀疏波向液相区深部传递，使得腔内液相区相变膨胀速度快速增大，温度分布数值计算结果表明，10 ms 内储气腔内温度已无法区分气相区和液相区，在 30 ms 内热传导速率最快，到 120 ms 以后在储气腔顶部区域表现出明显的温度分区下降的趋势，200 ms 以后随着腔内压力降低，传热速率随之降低。在常态下，储气腔内的二氧化碳将全部气化为气相二氧化碳，气化过程持续吸热，会导致致裂器温度降为常温以下。这也说明了，在完成致裂器爆破后，爆破钻孔内温度低于外界温度，液态二氧化碳相变气爆是一种降温安全的爆破方式，气爆不会导致煤层钻孔内瓦斯燃爆。

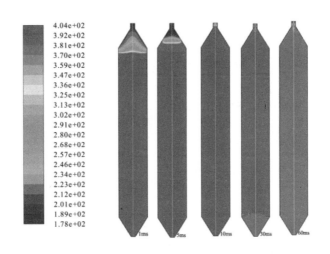

图 4-9　起爆后致裂器储气腔内不同时刻温度分布图

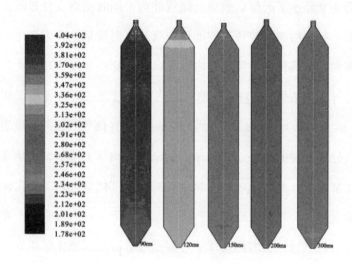

图4-9 起爆后致裂器储气腔内不同时刻温度分布图（续图）

4.4.3 流场分析

图4-10为起爆后致裂器储气腔内的轴向方向上的流线及速度分布图。从图中可以分析得出：气爆启动后泄压初期，在内外压差作用下泄爆口附近的气相二氧化碳首先释放，而下部液相二氧化碳无明显变化。

随着持续泄压过程，泄爆口产生的稀疏波传递至气液两相交界面，由交界面往下，液态二氧化碳逐步进入过热状态，大量气泡形成和发育，液体沸腾膨胀。

随着储气腔内的压力持续下降，液态二氧化碳沸腾膨胀速率加快，大量气泡产生，使得储气腔内形成两相层流状态。从图中可以看到，两相层流不断上升至顶部的泄爆口，在泄爆口位置以较大的速度喷出，特别是从10～30 ms储气腔内的流动速度最快，且越靠近泄爆口速度越大，越靠近底部的过热液体沸腾膨胀向上运动的速度越小，图中还可看到在泄爆口位置发生了明显的涡旋现象。

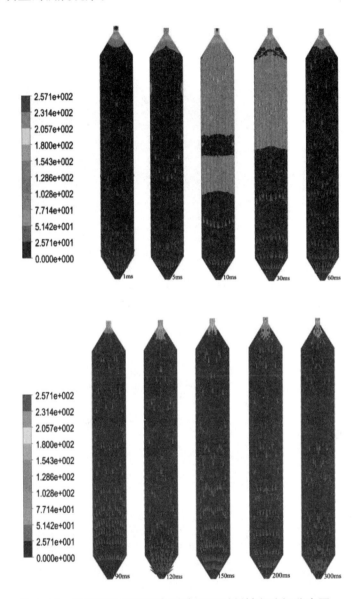

图 4-10　起爆后致裂器储气腔内不同时刻轴向流场分布图

4.4.4 气液比率分析

图 4-11 所示为起爆后致裂器储气腔内不同时刻气液比率分布图。

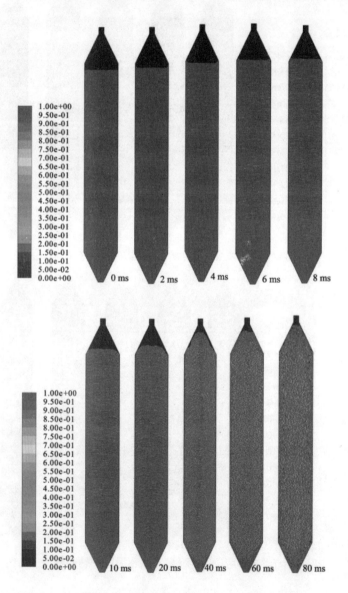

图 4-11　起爆后致裂器储气腔内不同时刻气液比率分布图

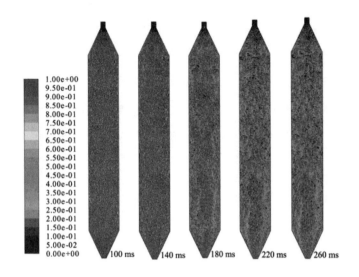

图 4-11　起爆后致裂器储气腔内不同时刻气液比率分布图（续图）

由图 4-11 起爆后致裂器储气腔内不同时刻气液比率分布看出，在初始状态 t=0 ms 时，致裂器储气腔内气相和液相二氧化碳均处于热力学平衡状态，上部的气相区二氧化碳为饱和态蒸气，下部的液相区二氧化碳为超临界状态。泄爆口打开后，由于致裂器储气腔内压力远大于腔外常态压力，储气腔内气相二氧化碳即刻喷出腔外，使得腔内压力由泄爆口往底部开始降低，稀疏波传递至气液两相交界面时，液相区压力开始下降，导致超临界二氧化碳瞬间处于过热膨胀状态。由图中可看到，在泄爆后打开 2 ms 时，液相区看到层状较小的气泡，随着稀疏波继续往液相区深部传递，储气腔内压力降持续下降，液相区过热度继续增大，腔内两相层流快速向泄爆口方向扩张挤压气液两相区空间。

从图 4-11 中 40 ms 以后的气液比率分布图中可以看出，随后储气腔内两相层流持续扩张，相变过热沸腾膨胀加剧，约在 80 ms 时，两相层流向上流动至储气腔顶部的泄爆口，表明腔内压力增速大于泄爆压力降速。图中 60 ～ 140 ms 的时间内，储气腔内已无明显可判规律性，整个腔内为错综复杂的过热沸腾状，气液两相互相交叉无法辨别交界面。

从图 4-11 中 140 ms 以后的气液比率分布图可以看出，随着储气腔内的二氧化碳不断被释放，过热态二氧化碳能量逐渐降低，相变速率随之放缓，两相层流的密度趋于减小，沸腾趋于减弱逐渐稳定。数值模拟未计算至最终状态，但可以推测在常态下，储气腔内的二氧化碳会完全气化，由于气化吸热会导致腔内的温度低于外界温度。

4.5 本章小结

本章对液态二氧化碳致裂器储气腔发生的相变气爆演化过程开展数值模拟，完成的主要内容如下。

（1）建立了液态二氧化碳致裂器储气腔内的沸腾膨胀泄爆过程的物理模型和数学模型。

（2）数值模拟研究得出储气腔内压力随泄爆时间变化的规律，通过对比实验室实测得出正对泄爆口压力变化规律，数值模拟压力结果与实测数据变化趋势具有一致性，数值模拟还充分解释了实测压力变化曲线中压力局部升高的现象。

（3）数值模拟研究得出储气腔内温度随泄爆时间变化的规律，气液两相区监测点的降温过程可以看出三个降温区段：第一区段 30 ms 内温度下降速率最高，表明相变沸腾效应最强；第二区段 30 ～ 200 ms 内温度下降速率放缓；第三区段 200 ms 以后储气腔内主要表现为蒸发和气化吸热。

（4）数值模拟研究得出储气腔内流场随泄爆时间变化的规律，泄爆后两相层流不断上升至顶部的泄爆口，在泄爆口位置以较大的速度喷出，特别是从 10 ～ 30 ms 储气腔内的流动速度最快，且越靠近泄爆口速度越大，越靠近底部的过热液体沸腾膨胀向上运动的速度越小，并且在泄爆口位置发生了明显的涡旋现象。

（5）数值模拟研究得出储气腔内气液比率随泄爆时间变化的规律，泄爆 2 ms 后液相区可以看到层状较小的气泡；在 40 ms 后储气腔内两相层流持续扩张，相变过热沸腾膨胀加剧；在 80 ms 时两相层流向上流动至储气腔顶部的泄爆口，表明腔内压力增速大于泄爆压力降速；在 60 ～ 140 ms 的时间段储气腔内已无明显可判规律性，整个腔内为错综复杂的过热沸腾状，气液两相互相交叉无法辨别交界面；在 140 ms 以后，随着储气腔内的二氧化碳不断被释放，过热态二氧化碳能量逐渐降低，相变速率随之放缓，两相层流的密度趋于减小，沸腾趋于减弱逐渐稳定。

第5章　液态二氧化碳相变
致裂增透数值模拟研究

为了揭示液态二氧化碳相变气爆致裂对低渗透高瓦斯煤层增透的机理，本章基于第3章实验研究得出的液态二氧化碳相变气爆压力实验结果，采用 FLAC3D 有限差分软件数值分析不同影响因素下低渗透高瓦斯煤层液态二氧化碳相变气爆致裂增透效果，系统全面地分析气爆钻孔预裂纹长度、地应力、煤体强度、瓦斯压力、控制孔和延时微差对气爆致裂增透范围的控制作用。

5.1　煤体气爆致裂增透数值计算模型构建

为研究低渗透高瓦斯煤层液态二氧化碳相变气爆致裂增透效果的影响因素，本书选择 FLAC^{3D} 有限差分软件作为数值模拟求解工具，对实验煤层赋存条件进行合理简化，分别建立煤体液态二氧化碳相变气爆致裂增透的二维平面应变和三维数值计算模型开展数值分析。二维平面应变模型用于模拟气爆致裂增透效果的影响因素，平面模型中煤层厚度为 5 m，上下顶底板岩层厚度为 6 m，具体几何尺寸为水平 X 向 × 竖直 Z 向 =40 m × 20 m。三维数值计算模型用于模拟液态二氧化碳气爆致裂的三维影响范围，该模型是在二维平面模型基础上沿着面外法线方向拖拉 20 m 生成，其几何尺寸为水平 X 向 × 水平 Y 向 × 竖直 Z 向 =40 m × 20 m × 20 m，竖向贯穿煤层及顶底板岩层。二维平面和三维立体网格示意图见图 5–1 至图 5–3 所示。

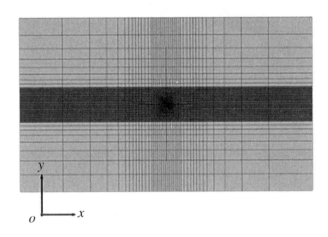

图 5–1 煤层液态二氧化碳相变气爆致裂平面应变模型（单孔）网格示意图

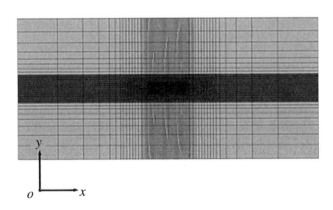

图 5–2 煤层液态二氧化碳相变气爆致裂平面应变模型（三孔）网格示意图

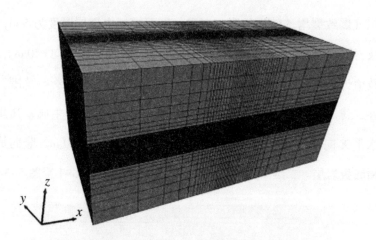

图 5-3　煤层液态二氧化碳相变气爆致裂三维模型网格示意图

5.2　数值计算模型参数与边界条件

平面模型两侧和底部采用面法向位移约束边界条件，顶部施加 20 MPa 均布荷载代表顶板以上未建立岩体的自重应力，水平 X 向和面外法线 Y 向对应的侧压力系数分别为 1.25 和 1.50。三维模型前后面仍采用面外法线方向位移约束，其他边界条件与平面模型相一致。采用具有拉剪复合破坏准则的摩尔库伦理论弹塑性本构来表征煤岩体的力学特性，煤体和顶底板岩层的参数见表 5-1。液态二氧化碳相变气爆致裂模拟所需的气爆时程曲线见图 5-1。

表 5-1　煤岩体的物理力学参数表

位置	弹性模量 /GPa	泊松比	密度 / (kg/m³)	内聚力 /MPa	摩擦角 /°	抗拉强度 /MPa	孔隙压力 /MPa
煤体	0.80	0.30	1 300	2.00	40.00	0.15	1.00
顶底板	3.20	0.25	2 500	6.00	49.00	1.00	0.00

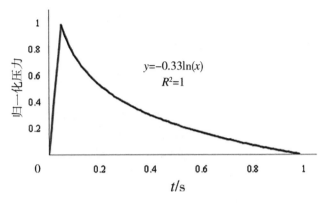

$$y=-0.33\ln(x)$$
$$R^2=1$$

图 5-4　归一化相变气爆时程曲线

归一化相变气爆时程曲线是根据气爆压力实验结果得出的液态二氧化碳相变气爆升压和降压过程的变化规律简化的趋势曲线。在模拟过程中各种工况第一步都要模拟生成初始地应力场，待模型计算平衡后位移场和速度场清零后再进行相应具体工况的模拟。液态二氧化碳相变气爆致裂工况模拟须在地应力平衡后，先进行开挖爆破钻孔的模拟，之后再施加上述爆破时程曲线进行气爆动力致裂过程模拟。

5.3　数值模拟结果分析

根据前人对低渗透高瓦斯煤层增透方面的研究成果，项目主要开展了煤层预裂缝、地应力、煤体强度、微差爆破等主控因素对液态二氧化碳相变气爆致裂煤体的数值模拟研究，从定性及定量角度分析研究各个因素对煤层液态二氧化碳相变气爆致裂增透的影响。

5.3.1　预裂缝对煤体气爆致裂增透效应的影响分析

图 5-5 至图 5-16 依次模拟了 200 MPa 峰值时，在爆破钻孔内提前制造的预裂缝长度分布为 0.0 m，0.1 m，0.2 m 和 0.3 m 工况条件下，液态二

氧化碳相变气爆压力冲击致裂爆破作用结束后各预裂缝长度的塑性区分布图、位移场云图和有效最大主应力云图。

图 5-5 预裂缝长 0.0 m 时塑性区分布图

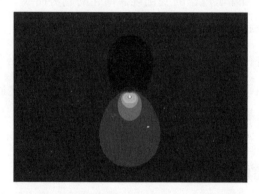

图 5-6 预裂缝长 0.0 m 时位移场云图

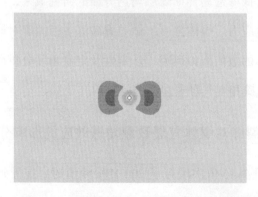

图 5-7 预裂缝长 0.0 m 时主应力分布图

图 5-5 中塑性区分布图清晰地表明，无预裂缝情况下液态二氧化碳相变气爆致裂导致爆破孔周围产生一定范围的塑性区，该塑性区大体呈现长轴水平短轴竖直的椭圆形状分布，若以塑性区作为衡量气爆致裂影响范围，按等面积法换算，那么无预裂缝工况气爆致裂的平均半径约为 0.45 m。

由图 5-6 中可以看出，气爆致裂会使爆破孔周围一定范围产生位移，此工况气爆后位移场呈现 "位移泡" 的分布形式，若以其作为平均气爆致裂影响范围的指标，那么该工况气爆致影响半径大致为 0.4 ~ 0.6 m。

图 5-7 中有效主应力云图也清晰地表明，气爆致裂后由爆破孔内向外依次为压力增高区和应力卸荷区，压力增高区的形成与爆破孔附近煤体受到气爆气体径向高强度挤压现象及基于连续介质假设的所有有限元数值模拟软件自身的弊端有关，实际工程中该区域煤体严重破碎，为显著应力降低区，若以有效应力作为衡量气爆致裂范围的指标，则无预裂缝工况气爆致裂半径约为 0.55 ~ 0.70 m。

图 5-8　预裂缝长 0.1 m 时塑性区分布图

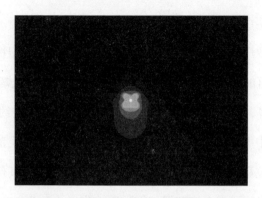

图 5-9　预裂缝长 0.1 m 时位移场云图

图 5-10　预裂缝长 0.1 m 时主应力分布图

由图 5-8 所示，当爆破钻孔内两条对称预裂缝长度为 0.1 m 时，液态二氧化碳相变气爆致裂影响范围同样呈现长轴水平的椭圆形分布，与无预裂缝工况相比，其致裂影响范围有所增加，但其塑性区分布的长短轴之比则显著减小。

由图 5-9 所示的预裂缝长 0.1 m 时位移场云图可以看出，卸压范围内的位移场从无预裂缝工况的位移泡变为以爆破孔为中心的 X 形位移圆。

由图 5-10 所示的预裂缝长 0.1 m 时主应力分布图可以看出，有效主应力由无预裂缝工况的应力云图形状以爆破孔为中心向四周扩大。

数值计算结果表明，若以气爆后塑性区作为衡量气爆致裂范围的指标时，含 0.1 m 预裂缝会使煤体气爆致裂影响半径达到 0.79 m；若以气爆后位移场作为衡量气爆致裂范围的指标时，含 0.1 m 预裂缝会使煤体气爆致裂影响半径达到 0.70 m；若以气爆后有效应力作为衡量气爆致裂范围的指标时，含 0.1 m 预裂缝会使煤体气爆致裂影响半径达到 0.85 m。

图 5-11　预裂缝长 0.2 m 时塑性区分布图

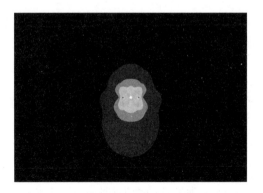

图 5-12　预裂缝长 0.2 m 时位移场云图

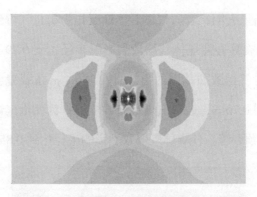

图 5-13 预裂缝长 0.2 m 时主应力分布图

由图 5-11 所示，当爆破钻孔内两条对称预裂缝长度为 0.2 m 时，液态二氧化碳相变气爆致裂影响范围同样呈现长轴水平的椭圆形分布，但与预裂缝长度 0.1 m 工况相比，其致裂影响范围扩大至少 3 倍。

由图 5-12 所示的预裂缝长 0.2 m 时位移场云图可以看出，卸压范围内的位移场从预裂缝长度 0.1 m 工况时以爆破孔为中心的 X 形位移圆相似扩展。

由图 5-13 所示的预裂缝长 0.2m 时主应力分布图可以看出，有效主应力以爆破孔为中心向四周扩大至钻孔直径的数十倍。若分别以塑性区、位移场、有效应力作为衡量气爆致裂范围的指标时，数值模拟结果分析得出：含长度为 0.2 m 预裂缝时会使煤体气爆致裂影响半径达到 1.05 m，0.95 m 和 1.20 m。

图 5-14 至图 5-16 为预裂纹长度为 0.3 m 时，气爆后煤体形成的塑性区、位移场、有效应力分布图。

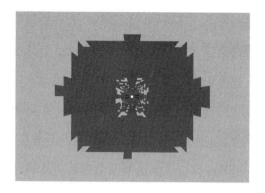

图 5-14 预裂缝长 0.3 m 时塑性区分布图

图 5-15 预裂缝长 0.3 m 时位移场云图

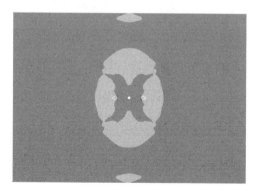

图 5-16 预裂缝长 0.3 m 时主应力分布图

由图 5-14 至图 5-16 所示的气爆预裂隙 0.3 m 工况时的塑性区、位移场和主应力分布图可看出，爆破钻内预裂缝的存在能较明显地提高低渗透煤层气爆致裂的影响范围。当预裂缝长度较短时，其致裂增透范围受地应力影响较为显著，气爆裂隙主要克服最小地应力沿最大地应力方向扩展，进而导致气爆影响区呈现长轴水平的椭圆形分布。但随着预裂隙长度的增加，气爆裂隙扩展受地应力的影响程度将降低，例如预裂缝长度为 0.2 m 和 0.3 m 的工况，气爆致裂塑性区由椭圆形逐渐过渡到长短轴相当的圆形分布；位移场和有效应力场也随煤层致裂钻孔内预裂缝长度的增长，变为以爆破孔为中心，内含 X 形的圆形分布形状。

若分别以塑性区、位移场、有效应力为指标，数值模拟结果分析得出：含 0.3 m 预裂缝会使煤体气爆致裂影响半径达到 1.45 m，1.30 m 和 1.55 m。

对比塑性区、位移场和有效应力三种指标对应的气爆致裂影响范围可知，无论采用哪种指标衡量其致裂影响范围，所得的结果均相差不大，鉴于塑性区具有直观的特点，可选取该指标衡量气爆致裂的影响范围。

图 5-17 给出了以塑性区作为指标，气爆致裂影响半径 R 与预裂缝长度 L 的关系曲线，二者的关系为 $R=3.26L+0.446$，相关系数近似为 1.0，可见，随爆破钻孔预裂缝长度的增加，气爆致裂影响范围随之线性增大，足见预裂缝对气爆致裂增透范围的显著影响，实际工程中可根据现有条件在气爆前施作一定长度的预裂缝，提高低渗透煤层液态二氧化碳相变气爆致裂增透的影响范围。

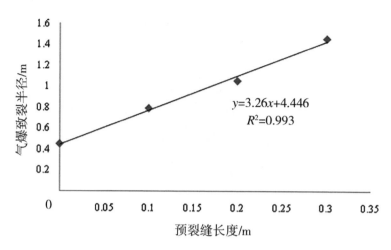

图 5-17　气爆致裂范围随预裂缝长度的变化关系曲线

5.3.2　地应力对煤体气爆致裂增透效应的影响分析

已有研究表明，地应力作用对煤体增透效果具有影响，但液体二氧化碳相变气爆增透范围与地应力大小的相关性有待深入研究。

结合我国不同矿区煤层地应力特征，本次数值分析了同一煤层不同地应力条件下，目标煤层钻孔实施液态二氧化碳相变气爆致裂后煤体的塑性区分布如图 5-18 至图 5-21 所示。

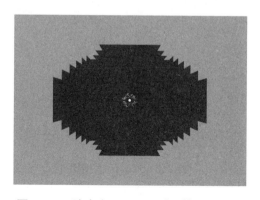

图 5-18　地应力 10 MPa 时塑性区分布图

图 5-19　地应力 15 MPa 塑性区分布图

图 5-20　地应力 25 MPa 塑性区分布图

图 5-21　地应力 30 MPa 时塑性区分布图

图 5-18 至图 5-21 给出的不同地应力下气爆致裂后煤体的塑性区分布图清晰地表明，不同地应力条件下气爆致裂影响范围大都呈椭圆形分布，但随地应力的增大，气爆致裂影响范围随之降低，且地应力增幅越大，气爆影响范围降幅越明显。

图 5-22 为气爆致裂影响半径与地应力拟合关系曲线，可定量地进一步说明气爆致裂影响半径随地应力的变化关系，从图中可以看出，煤体气爆致裂影响范围随地应力 σ 的增加而呈现非线性的指数函数形式减小，两者定量关系为 $R = 3.096e^{-0.06\sigma}$，相关性系数为 0.985。

综合上述分析，低渗透高瓦斯煤层运用液态二氧化碳相变气爆致裂增透技术时，为获得更加理想的增透效果和较好地发挥气爆技术的特点，在进行现场气爆增透前，应详细搜集煤层增透区的地应力信息或进行必要的地应力测试，基于可靠的地应力参数进行气爆工艺参数的设计。

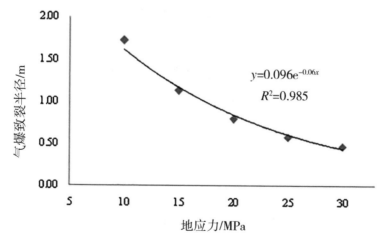

图 5-22　气爆致裂影响半径随地应力的变化关系

5.3.3 煤体强度对煤体气爆致裂增透效应的影响分析

图 5-23 和图 5-24 给出了在预裂纹长度为 0.1 m 的条件时，煤体强度分别降低 5 倍和提高 3 倍情况下，液态二氧化碳相变气爆致裂的塑性区分布结果。

图 5-23　煤体强度降低 5 倍时塑性区分布图

图 5-24　煤体强度增大 3 倍时塑性区分布图

通过与图 5-8 对比分析可知：无论煤体强度提高还是降低，其塑性区影响半径基本一致，均为 0.8 m 左右，可得出煤体自身力学强度对气爆致裂范围影响甚小的结论。分析其原因是煤体气爆动态致裂裂纹扩展主要克服煤层地应力，煤体 0.05 ~ 0.50 MPa 的抗拉强度与 10 ~ 30 MPa 的地应力相比量值甚小，进而导致煤体强度对其气爆致裂范围影响很小；同时煤体破坏越严重，对气爆的吸能作用越明显。

5.3.4 瓦斯压力对煤体气爆致裂增透效应的影响分析

图 5-25 至图 5-27 是煤层瓦斯压力 P_g = 2 MPa，3 MPa 和 4 MPa 的情况下，液态二氧化碳相变气爆致裂的塑性区分布结果。

通过与图 5-8 所示的煤体瓦斯压力在 1 MPa 条件时气爆后塑性区分布结果对比分析可看出，随煤体瓦斯压力的增加，液态二氧化碳相变气爆致裂煤体的影响范围有增加的趋势。

图 5-25 瓦斯压力 2.0 MPa 时塑性区分布图

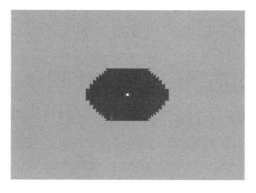

图 5-26 瓦斯压力 3.0 MPa 时塑性区分布图

图 5-27　瓦斯压力 4.0 MPa 时塑性区分布图

图 5-28 所示为液态二氧化碳相变气爆致裂影响半径与瓦斯压力变化的关系拟合曲线，可以进一步定量地说明瓦斯压力对气爆致裂影响范围的影响，即随煤层瓦斯压力的增加，气爆致裂影响半径随之线性增大，两者拟合函数可表达为 $R = 0.041P_g + 0.743$，相关性系数为 0.981。

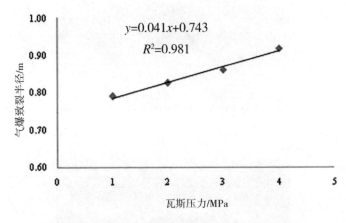

图 5-28　气爆致裂半径与瓦斯压力的变化曲线

气爆致裂影响半径与瓦斯压力的相关性，分析其原因是煤层瓦斯压力的增大降低了煤体的有效应力，煤体裂纹扩展需要克服的应力随之降低，气爆影响范围随之增大，可以得出煤层瓦斯压力在一定程度上是有利于气爆裂纹的扩展的结论。

5.3.5　控制孔和延时微差对煤体气爆致裂增透效应的影响分析

图 5-29 至图 5-34 给出了两孔同时起爆及 10 ~ 50 ms 微差起爆时气爆致裂塑性区分布图。图 5-35 和图 5-36 分别给出了两孔和三孔同时起爆下塑性区的分布情况。

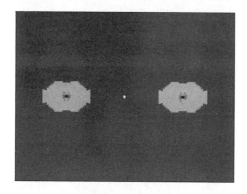

图 5-29　两孔同时起爆时塑性区分布图

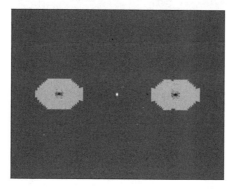

图 5-30　两孔 10 ms 微差起爆时塑性区分布图

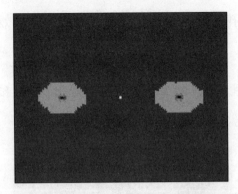

图 5-31 两孔 20 ms 微差起爆时塑性区分布图

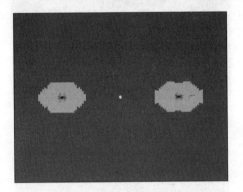

图 5-32 两孔 30 ms 微差起爆时塑性区分布图

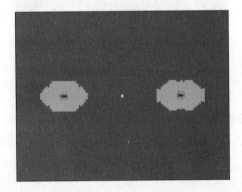

图 5-33 两孔 40 ms 微差起爆时塑性区分布图

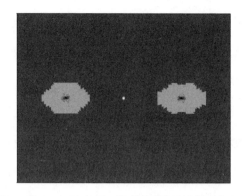

图 5-34　两孔 50 ms 微差起爆时塑性区分布图

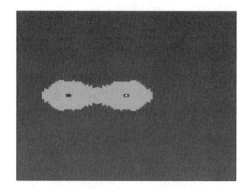

图 5-35　两孔同时起爆时塑性区分布图

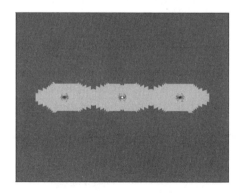

图 5-36　三孔同时起爆时塑性区分布图

由图 5-29 至图 5-34 的数值模拟得出的两孔同时起爆及 10 ～ 50 ms 微

差起爆后气爆致裂塑性区分布图中可清晰地看出，爆破孔之间的控制孔及微差起爆均对气爆致裂塑性区影响甚小，通过面积等效换算各工况的每个爆破孔的塑性区半径均为 0.8 m。

由图 5-35 和图 5-36 的数值模拟得出的两孔和三孔同时起爆下塑性区的分布情况，通过与相邻爆破孔间距较远工况对比分析可知，相邻爆破孔相距 2 m 的两孔或三孔同时起爆时，相邻孔间的煤体全部处于塑性屈服状态，即相距较近的相邻孔同时起爆能显著增加爆破孔间的致裂范围，较单孔或相距较远的爆破孔同时爆破生成的塑性区半径至少增加 10%。

5.3.6　含瓦斯煤层气爆致裂增透三维效应分析

在上述二维平面模型中考虑单因素对煤体液态二氧化碳相变气爆致裂的影响，而实际煤体气爆致裂增透是三维问题，再考虑到爆破致裂器致裂属于定向射流冲击致裂过程，因此，为获得较为真实的煤体三维气爆致裂结果，首先在本书第 3 章中进行了爆破孔内二氧化碳气爆压力时程测试实验研究，获得了沿致裂器/爆破孔轴向的压力时程的分布规律，如图 5-37 所示。

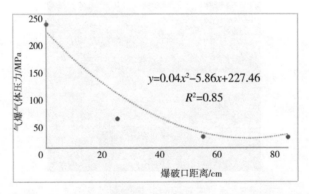

图 5-37　气爆气体压力峰值与爆破口距离的变化曲线

最后基于气爆压力在爆破孔内的分布规律，进行煤体气爆致裂的三维模拟分析。当气爆峰值压力为 160 MPa 和 200 MPa 时，过爆破孔轴向的水平剖面和竖向横断面的塑性区分布图如图 5–38 至图 5–41 所示。

如图 5–38 至图 5–41 所示，数值模拟气爆峰值压力为 160 MPa 和 200 MPa 时，由爆破孔轴向的水平剖面和竖向横断面的塑性区分布图可以看出，气爆气体峰值压力分别为 160 MPa 和 200 MPa 时，由于气爆气体压力沿致裂器轴向并不是理想的均匀分布，导致最终致裂塑性区呈现以爆破孔轴向为长轴的近似椭圆体分布，两种工况对应的最大有效致裂半径分别为 0.50 m 和 0.60 m，最大致裂半径增加约 20%；致裂体积分别为 0.50 m^3 和 0.95 m^3，致裂体积则增加近 1 倍。

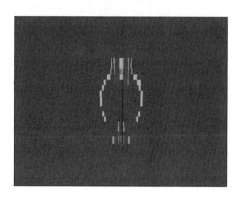

图 5–38　压力峰值 160 MPa 时气爆致裂水平剖面塑性区分布图

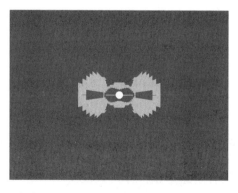

图 5–39　压力峰值 160 MPa 时气爆致裂竖向剖面塑性区分布图

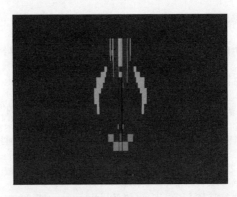

图 5-40　压力峰值 200 MPa 时气爆致裂水平剖面塑性区分布图

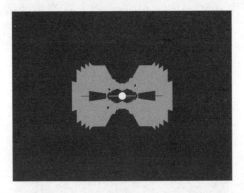

图 5-41　压力峰值 200 MPa 时气爆致裂竖向剖面塑性区分布图

综合分析可得出，由于爆破孔内气体压力分布的非均匀性，使得气爆致裂区域并非为圆柱体分布形状，气爆压力峰值对气爆致裂影响范围影响显著，为获得较为理想的气爆致裂效果，实际工程应选择气爆峰值压力大的致裂器，在条件适宜的情况下采用爆破孔重复多次爆破的方式。

5.4　本章小结

为研究低渗透高瓦斯煤层液态二氧化碳相变气爆致裂增透效果的影响因素，选择 FLAC³D 有限差分软件作为数值模拟求解工具，对实验煤层赋存条件进行合理简化，分别建立煤体液态二氧化碳相变气爆致裂增透的二维平面应变和三维数值计算模型，考虑不同因素对煤体气爆致裂增透效应影响的数值模拟结果如下。

1）预裂纹对煤体气爆致裂增透效应影响的数值模拟

无预裂缝时液态二氧化碳相变气爆致裂导致爆破孔周围产生一定范围的塑性区，该塑性区大体呈现长轴水平短轴竖直的椭圆形状分布，以塑性区衡量气爆致裂影响半径为 0.45 m；位移场呈现"位移泡"的分布形式，以位移场衡量气爆致裂影响半径为 0.4 ~ 0.6 m；以有效应力衡量气爆致裂影响半径为 0.55 ~ 0.70 m。

在预裂缝为 0.1 m 的工况条件下，液态二氧化碳相变气爆致裂影响范围同样呈现长轴水平的椭圆形分布，与无预裂缝工况相比，其致裂影响范围有所增加，但其塑性区分布的长短轴之比则显著减小；卸压范围内的位移场从无预裂缝工况的位移泡，逐渐演变为以爆破孔为中心的 X 形位移圆。同时有效主应力由无预裂缝工况的应力云图形状，逐渐演变为以爆破孔为中心向四周扩大；模拟结果使用塑性区、位移场、有效应力衡量煤体气爆致裂影响半径分别达到 0.79m、0.70m 和 0.85m。

在预裂缝为 0.2 m 和 0.3 m 的工况条件下，预裂缝的存在能较明显地提高低渗透煤层气爆致裂的影响范围。当预裂缝长度较短时，其致裂增透范围受地应力影响较为显著，气爆裂隙主要克服最小地应力沿最大地应力方向扩展，进而导致气爆影响区呈现长轴水平的椭圆形分布，但随着预裂隙长度的增加，气爆裂隙扩展受地应力的影响程度将降低；模拟结果以塑性区、位移场、有效应力衡量预裂缝长度 0.2 m 和 0.3 m 工况的气爆致裂影响半径分别为 1.05 m，0.95 m，1.20 m 和 1.45 m，1.30 m，1.55 m。

根据数值模拟结果得出了气爆致裂影响半径 R 与预裂缝长度 L 的关系曲线，两者的关系为 $R=3.26L+0.446$，相关系数近似为 1.0，可见，随预裂缝长度增加，气爆致裂影响范围随之线性增大，足见预裂缝对气爆致裂增透范围的显著影响。

2）地应力对煤体气爆致裂增透效应影响的数值模拟

数值模拟结果表明不同地应力条件下气爆致裂影响范围大都呈椭圆形分布，但随地应力的增大，气爆致裂影响范围随之降低，且地应力增幅越大，气爆影响范围降幅越明显；拟合气爆致裂影响半径随地应力变化的数据，得出气爆致裂影响范围随地应力 σ 的增加而呈现非线性的指数函数形式减小，两者的定量关系为 $R = 3.096e^{-0.06\sigma}$。

3）煤体强度对煤体气爆致裂增透效应影响的数值模拟

数值模拟结果表明无论煤体强度提高还是降低，其塑性区影响半径基本一致，煤体自身力学强度对气爆致裂范围影响甚小。

4）瓦斯压力对煤体气爆致裂增透效应影响的数值模拟

数值模拟结果表明随瓦斯压力的增加，液态二氧化碳相变气爆致裂煤体的影响范围有增加的趋势，气爆致裂影响半径与瓦斯压力变化拟合函数表达式为 $R = 0.041P_g + 0.743$，分析原因是煤层瓦斯压力的增大降低了煤体的有效应力，煤体裂纹扩展需要克服的应力随之降低，气爆影响范围随之增大，可以得出煤层瓦斯压力在一定程度是有利于气爆裂纹的扩展。

5）控制孔和延时微差对煤体气爆致裂增透效应影响的数值模拟

数值模拟结果表明爆破孔之间的控制孔及微差起爆均对气爆致裂塑性区影响甚小；还得出了相邻爆破孔相距 2 m 的两孔或三孔同时起爆时，相邻孔间的煤体全部处于塑性屈服状态，即相距较近的相邻孔同时起爆能显著增加爆破孔间的致裂范围，较单孔或相距较远的爆破孔同时爆破生成的塑性区半径至少增加 10%。

6）含瓦斯煤层气爆致裂增透三维效应的数值模拟

数值模拟结果表明气爆气体峰值压力分别为 160 MPa 和 200 MPa 时，由于气爆气体压力沿致裂器轴向并不是理想的均匀分布，导致最终致裂塑性区呈现以爆破孔轴向为长轴的近似椭圆体分布，两种工况对应的最大有效致裂半径分别为 0.50 m 和 0.60 m，最大致裂半径增加约 20%；致裂体积分别为 0.50 m^3 和 0.95 m^3，致裂体积则增加近 1 倍。

第6章 液态二氧化碳相变致裂增透装备及应用研究

基于实验研究及理论分析计算的结果，本章自主设计研制多点可控液态二氧化碳相变致裂增透配套装备的五大子系统，并提出回采工作面巷道预排瓦斯带和液态二氧化碳相变致裂增透范围的测定方法，以解决气爆致裂增透应用效果评判的问题。通过研发的相变气爆致裂及检测配套装备开展回采工作面、煤巷掘进工作面和工作面不同增透技术的对比实验研究，从实验测试、理论分析到现场应用实验，从而建立起系统全面的液态二氧化碳相变致裂增透技术体系。

6.1 多点可控液态二氧化碳相变致裂增透装备研究

6.1.1 液态二氧化碳相变致裂增透技术原理及特征

液态二氧化碳相变气爆致裂技术是一种高压气体物理爆破，其基本原理是利用致裂器内储气腔液态二氧化碳瞬间相变产生大量高能气态二氧化碳，高能气体从泄爆阀体出来直接作用于目标钻孔壁面，促使煤体产生大量新生裂隙的同时导通原生裂隙，从而增加目标钻孔周围煤体渗透性。液态二氧化碳相变气爆技术具有广泛应用于煤矿及其他非煤工业技术领域的前景，其主要技术特特征有以下几点。

（1）液态二氧化碳致裂器设计与钻孔施工的光壁钻杆使用条件基本一致，一方面考虑在向目标钻孔放置取出致裂器时使用施工钻孔的钻机；另一方面使用特殊材料的致裂器在满足抗压强度要求的同时碰撞不会发生任何火花。

（2）液态二氧化碳相变气爆与普通炸药爆破在热效应方面比较，液态二氧化碳相变气爆为吸热过程，而炸药爆破为放热过程，同时相变气爆在煤层钻孔内填充了大量气态二氧化碳，使得液态二氧化碳相变气爆为爆破钻孔内营造了一种低温和惰性的环境，从而杜绝爆破钻孔发生瓦斯燃爆的可能性。

（3）液态二氧化碳相变气爆为点式定向爆破技术，在爆破采煤及切割岩石方面具有良好的适应性，爆破采煤成块率极高，定向切割岩石精确度高，粉煤（岩）比率低，爆破环境粉尘污染影响小。

（4）液态二氧化碳相变气爆为多点可控爆破技术，通过调节泄爆头的泄爆阈值、致裂器储气腔二氧化碳装填量和加热体供热量实现爆破的多点和峰值压力的控制。

（5）液态二氧化碳相变气爆物理反应的产物只有二氧化碳，有别于炸药爆破产生氮氧化物及一氧化碳等有毒有害气体。

（6）液态二氧化碳相变气爆使用的主要设备为致裂器，单根致裂器在使用寿命期内可重复爆破使用 3 000 次以上，主要的一次性消耗品价格低廉，为泄爆片、加热体和二氧化碳，使得液态二氧化碳相变气爆技术与其他爆破技术比较具有良好的经济性。

（7）液态二氧化碳相变气爆为物理爆破，不会发生炸药爆破在致裂钻内聚爆的可能性，液态二氧化碳相变气爆技术具有良好的本质安全性。

（8）液态二氧化碳相变气爆致裂增透工艺流程简易，仅包括煤层钻孔施工、送入致裂器、连线撤人、起爆和取出致裂器五个环节。

（9）气爆一次的主要消耗品为二氧化碳、加热体及泄爆片，成本低廉。

6.1.2　液态二氧化碳相变致裂工作原理

储气腔内二氧化碳气液两相临界环境条件为温度 31.1℃及压力 7.38 MPa，液态二氧化碳相变气爆技术利用这一基本特征，已在本书的前章 2.1 节中系统分析了液态二氧化碳沸腾膨胀气爆机理。液态二氧化碳煤层致裂增透的第一步是组装致裂器，并向致裂器储气腔内加注纯度大于 99.999% 的二氧化碳；第二步是向煤层钻孔内放置致裂器后连线起爆，起爆器激发致裂器储气腔内的加热体，加热体释放出定量热量促使储气腔液态二氧化碳沸腾膨胀气化，高能膨胀气体压力剪切预设的泄爆阀片；第三步是高能气相二氧化碳从泄爆阀体出来直接作用于目标钻孔煤壁，促使煤体裂隙发育实现煤层增透目标。液态二氧化碳气爆产生的气态二氧化碳的量可以采用理想气体状态方程进行估算，不同型号的致裂器填充相应质量的二氧化碳。液态二氧化碳相变致裂工作原理系统图如图 6-1 所示。

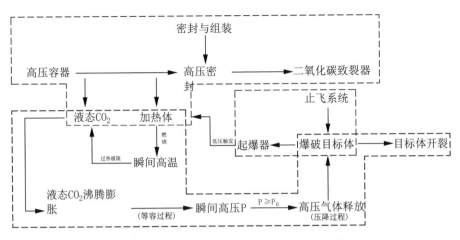

图 6-1　液态二氧化碳相变致裂工作原理系统图

6.1.3　液态二氧化碳相变致裂配套设备研制

在工程应用中，液态二氧化碳相变致裂配套设备是由多个单独系统组成，其中主要包括加注系统、置取系统、致裂系统、止飞系统和检测及启动系统。液态二氧化碳相变致裂增透工艺流程示意如图 6-2 所示。

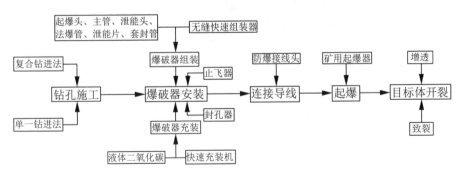

图 6-2　液态二氧化碳相变致裂增透工艺流程示意图

1）加注系统

加注系统是液态二氧化碳相变气爆致裂技术的重要组成部分，二氧化碳加注可以在井上地面或者井下靠近爆破地点的硐室完成，该系统的主要功能是将钢瓶内的二氧化碳通过二次增压装置加注至致裂器的储气腔内。加注系统的组成部件有加注架、空气压缩机、加压泵、二氧化碳储气钢瓶和操作台，气体加注系统如图 6-3 所示，全体加注现场如图 6-4 所示。

图 6-3　液态二氧化碳相变致裂气体加注系统示意图

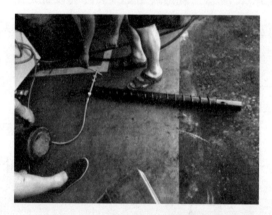

图 6-4　液态二氧化碳相变致裂气体冲装加注现场图

（1）加注架。加注架主要用于集成加注系统里配套设备，操作台架用于稳固致裂器加注和安设阀体；二氧化碳储气钢瓶架用于将钢瓶倒置，提高钢瓶内二氧化碳的使用率；加压泵架用于放置加压泵及其配套进气和出气管。

（2）空气压缩机。空气压缩机的作用主要有两个方面：一方面是为加压泵提供持续稳定的动力，保证将储气钢瓶内的二氧化碳注入致裂器内；另一方面是为操作台上的夹持器提供动力，保证在安设泄爆阀头过程中提供持续的夹持力。

（3）加压泵。加压泵设置有两个进气管和一个出气管，两个进气管分别用于连接二氧化碳储气钢瓶和空气压缩机，出气管用于连接致裂器的注气阀头，加压泵设置有两个压力仪表，用于实时观测进气压力和注气压力。

（4）二氧化碳储气钢瓶。二氧化碳储气钢瓶用于储存二氧化碳，储气钢瓶要求未锈蚀且钢瓶内二氧化碳的纯度达到 99.999% 以上，否则影响爆破效果。

（5）操作台。操作台在加注二氧化碳过程中起到稳固的作用，另外在调制泄爆阀头时起到夹持的作用。

2）置取系统

置取系统是将加注二氧化碳完成的致裂器放置到煤层爆破钻孔内以及在爆破结束后取出致裂器的系统。根据现场经验，在短孔距离为 20 m 以内的爆破时，采用人工或辅助提升链可以将致裂器放置或取出；但爆破深度超过 20 m 时，需要利用施工煤层钻孔时的配套钻机进行置取工作。

3）致裂系统

致裂系统是液态二氧化碳相变气爆增透技术的核心部分，构成该系统的组成部件有致裂主管（储气腔）、加热体、加注阀、泄爆阀体、泄爆阀片和密封垫等。致裂系统致裂器结构示意图如图 6-5 所示。

图 6-5　液态二氧化碳致裂器结构示意图

1—加注阀头；2—加热体；3—致裂主管（储气腔）；4—密封垫；5—泄爆阀片；6—泄爆阀体。

（1）加注阀。致裂器的加注阀由耐高温、耐高压及抗腐蚀的特殊钢材制成，其主要有两方面作用：一是当开启截止阀后，通过连接加压泵的注气管向致裂器主管（储气腔）内注入二氧化碳，加压泵压力表显示超过 15 MPa 时，关闭截止阀停止加注二氧化碳；二是加注阀头与加热体插接，通过导线与电源连通后形成闭合电路。根据连接方式，加注阀头分为可连接外螺纹阀头和单体阀头，如图 6-6 所示。

图 6-6　加注阀头

（2）加热体。加热体是致裂器能否正常起爆的关键环节，加热体外部为硬皮纸板，内部为特制的化学活化剂，加热体放置在致裂器储气腔内，加热体尾部与阀头连接。加热体在常温条件下，不易点燃或爆炸，当起爆器通电电流达到 0.8 A 时才能够激发加热体，在储气腔内燃烧瞬间释放大量热量，促使腔内液态二氧化碳蓄热沸腾膨胀。特制的化学活化剂的配方比例为起爆的关键技术，不同致裂器型号及其他起爆要求，需要配以不同药剂的加热体，如图 6-7 所示。

图 6-7　加热体

（3）致裂主管（储气腔）。致裂主管主要为具有高强度和耐腐蚀的特制厚壁钢管，内部为精密加工的储气腔用于放置液态二氧化碳和加热体。致裂主管内的储气腔用于液态二氧化碳相变气爆反应发生器，致裂主管的尺寸和型号根据工程应用实际情况可以进行调整，如图 6-8 所示。

图 6-8　不同尺寸和型号的液态二氧化碳致裂器

（4）密封圈。密封圈又称为压力密封垫片，密封圈主要用于致裂主管两端的泄爆阀片和加热体与储气腔连接处的密封，防止注气后通过两端漏点缓慢释放二氧化碳。由于强度和材质不同可分为 TFE 密封圈、POM 密封圈和橡胶密封圈等，不同型号密封圈实物如图 6-9 所示。

图 6-9　不同型号的密封圈

（5）泄爆阀片。泄爆阀片又可称为定压泄能片，由一圆形特制钢板制成，每块泄爆阀片具有特定抗剪强度，其安设在储气腔与泄爆阀头的连接处。当加热体激发储气腔内的液态二氧化碳沸腾膨胀后，腔内高压气体膨胀压力大于泄爆阀片的抗剪强度后，阀片被剪切破坏后，大量高能气体从被破坏的泄爆阀片处喷出作用于目标煤体。泄爆阀片正常开启时主要以脆性破裂为主，如图 6-10 所示；当膨胀气体压力不足以破坏开启泄爆阀片时，泄爆阀片的中间往往会产生一个球形膨胀面，如图 6-11 所示。

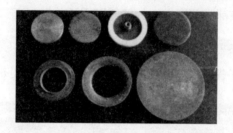

图 6-10　正常开启的泄爆阀片

图 6-11　未能正常开启的泄爆阀片

（6）泄爆阀体。泄爆阀头是二氧化碳致裂器的核心部件，其一端通过螺纹与致裂主管连接，另一端封闭或与另外一根致裂器连接，泄爆阀片开启后二氧化碳从阀体两侧的泄爆口喷出作用于目标煤体，两侧布置泄爆口主要用于聚能。泄爆阀头实物图如图 6-12 所示，剖面图如图 6-13 所示。

图 6-12　泄爆阀头实物图

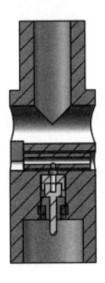

图 6-13　泄爆阀头剖面图

4）止飞系统

当液态二氧化碳相变气爆产生的大量高能气体从泄爆阀头出来作用于煤体时，泄爆过程会产生一个将致裂器往钻孔外的推动力，为了防止致裂器飞出后降低致裂增透效果以及飞出后存在安全隐患，所以设置致裂止飞系统。研制的止飞系统分为水压囊袋式止飞系统和机械式止飞系统。水压囊袋式止飞系统如图 6-14 所示，机械式止飞系统如图 6-15 所示。

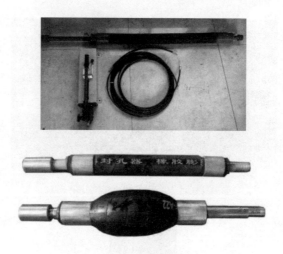

图 6-14　水压囊袋式止飞系统

图 6-15　机械式止飞系统

5）检测及启动系统

检测及启动系统是由检测装置和启动装置两部分组成，检测装置用于称量致裂器储气腔内加注二氧化碳容量是否充足，以及利用电阻检测多个致裂器连接时是否导通形成闭合回路；启动装置是在检测装置确认致裂器状态正常情况下，使用矿用高能发爆器为致裂系统提供电流用于激发加热体，使得整个致裂系统启动。

6.2　多点可控液态二氧化碳相变致裂增透检验技术研究

液态二氧化碳相变气爆致裂增透技术是一种点式聚能气相压裂工艺，

气爆产生高能压力波及爆生气体作用于目标煤体，促使煤体裂隙发育。为了提高液态二氧化碳相变致裂低渗透煤层的增透应用效率和效果，现场应用中需要解决三个检测检验方面的问题：一是煤层预排瓦斯带范围的问题（纵向问题）；二是气爆致裂低渗透煤层影响范围的问题（横向问题）；三是可控爆破的起爆顺序的问题（空间问题）。

6.2.1　煤层巷道预排瓦斯带范围检验技术研究

众所周知，煤层巷道掘进过程中破坏原始煤体赋存状态，巷道方向煤体被剥离运至地面，则巷道两侧煤体内的瓦斯在瓦斯梯度力作用下向巷道内流动和扩散，随着掘进推进后的时间演化，煤层巷道逐渐演化形成一个特定的范围即预排瓦斯带（雷云等，2013）。在煤层巷道预排瓦斯带内由掘进破坏形成大量裂隙使得原始瓦斯含量中的可解吸部分提前逸散，通过研究煤层巷道预排瓦斯带的范围，从而在开展低渗透煤层液态二氧化碳相变致裂增透时确定爆破预留段（孔口止飞段）的距离和抽采封孔长度。

本书提出了一种准确快速测定煤矿回采工作面煤层巷道预排瓦斯带宽度的方法，并获得了发明专利授权（雷云等，2016），该方法的技术原理是：第一步准备掘进巷道之前，在大巷提前沿准备掘进巷道方向布置顺层实验钻孔，每个实验钻孔距离煤壁的距离不同；第二步施工完成钻孔后进行水泥封孔，通过预留注气管向实验钻孔顶端注入示踪气体 $SF6$；第三步是随着煤巷掘进在不同示踪气体标注段采用罩壁法检测示踪气体的体积分数，最终通过统计数据分析判断该工作面煤层巷道的预排瓦斯带宽度。煤层巷道预排瓦斯带宽度实测工艺平面布置如图 6-16 所示，该方法能够实现现场应用的核心难题是示踪气体检测设备的精确度问题，中国煤炭科工集团沈阳研究院攻关难题研制出了精度达到 10^{-9} 的超高精度示踪气体定量分析系统。

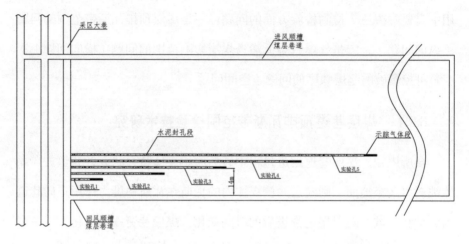

图 6-16　煤层巷道预排瓦斯带宽度实测工艺平面布置图

6.2.2　液态二氧化碳相变致裂增透范围检验技术研究

目前，针对低渗透高瓦斯煤层增透过程中增透范围的现场考察的方法，普遍采用控制（考察）钻孔瓦斯抽采参数统计分析法，该方法是在煤层未采取增透措施前，施工钻孔检测抽采参数如瓦斯流量、浓度和衰减系数等，随后采用同样方法检测增透后煤层钻孔的抽采参数，通过分析对比增透前后煤层钻孔瓦斯抽采参数的变化，判断增透工艺对目标煤层的增透效果。钻孔抽采参数统计分析法具有直观和准确性高的优点，但是该方法高成本和低效率是最主要缺陷。本书作者提出了一种快速准确测定液态二氧化碳相变气爆对目标煤体致裂增透范围的检验方法，该方法不受爆生气体二氧化碳对抽采参数的干扰，具有极高的经济性和适应性。该方法的基本原理是：爆破钻孔两侧布置不同间距的正常抽采孔，当完成爆破工程后向爆破钻孔内注入示踪气体 SF6，通过在正常本煤层抽采钻孔孔口出检测钻孔内示踪气体 SF6 体积分数的变化，便简单地判定液态二氧化碳相变致裂增透的有效影响范围。其中，封孔段的长度即为实测的煤层巷道预排瓦斯带的宽度，液态二氧化碳相变致裂增透影响范围实测工艺平面布置如图 6-17 所示。

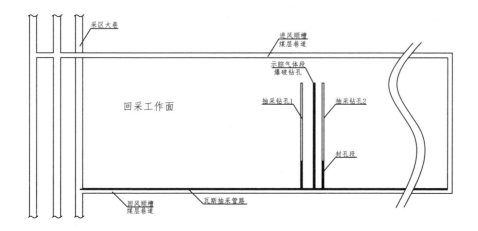

图 6-17　液态二氧化碳相变致裂增透影响范围实测工艺平面布置图

6.3　液态二氧化碳相变致裂增透井下实验矿井概况

液态二氧化碳相变致裂增透井下实验研究选取位于山西省沁水煤田东部武乡矿区的马堡煤矿，该矿井主要开采 8 号和 15 号煤层，两层煤均存在瓦斯含量高且渗透性低的问题，矿井在采掘过程中瓦斯是制约安全生产的主要问题，该矿井开采煤层的赋存特征也是我国众多深部低渗透高瓦斯煤层的一个典型代表。

6.3.1　实验矿井位置与交通

马堡煤矿位于山西省武乡县与左权县交界处，行政隶属于武乡县管辖，矿井的地理坐标分别为东经 113° 15′ 00″ ~ 113° 18′ 07″，北纬 36° 54′ 37″ ~ 36° 57′ 29″，矿井批准开采煤层为 7 号 ~ 15 号煤层，矿井年生产能力为 1 500 kt，开采标高为 +660 ~ +1 220 m，井田面积为 12.868 8 km²。矿井东北部有沁（县）–南（岭）公路，矿区内储煤仓有武（乡）–墨（灯）铁路运煤专线与阳涉铁路接轨。

6.3.2 实验矿井自然概况

马堡煤矿井田位于山西省沁水煤田中东部、太行山复背斜西翼，地貌为中低山地形态，地表经长期雨水侵蚀与风化形成沟壑纵横，地形较为复杂。马堡井田范围的地表整体为西部和北部高、东部和南部低的趋势，井田最低点的海拔标高为 +1 192.00 m，最高点的海拔标高为 +1 456.60 m，高差为 264.60 m。

马堡井田河流水系属于海河流域漳河水系，该区域以西北部黄家岭山脊为分水岭，黄家岭山脊以北为清漳河西源，黄家岭山脊以南为浊漳河北源，流经井田东部的洪水河为浊漳河北源支流，井田范围内河流水系不发育，无常年性河流及大的地表水体。

根据记载马堡矿区共发生 28 次地震，其中具有破坏性的地震历史上发生过 8 次，资料显示，马堡井田位于山西临汾和河北邢台两大地震带之间相对稳定的区域，属于太行山亚弱地震带，且该区滑坡、泥石流和采空塌陷等地质灾害不易发生。

6.3.3 实验矿井地质概况

马堡井田内含煤地层为石炭系上统太原组和二叠系下统山西组，含煤地层分析如下。

1）太原组（C_{3t}）

井田内该组为海陆交互相含煤沉积，厚度为 100.03 ~ 144.15 m，平均为 138.20 m。岩性为砂质泥岩、深灰 – 灰黑色泥岩、灰色砂岩、石灰岩及煤层。石灰岩位于太原组中下部，自下而上分为 K_2，K_3 和 K_4 共三层，其中含煤 8 层。与沁水煤田整体沉积规律相一致，由于泥炭沼泽环境相对稳定，地壳缓慢下降速度与有机物的堆积速度一致，沉积了井田稳定可采的 15 号煤层，为井田主要可采煤层。在第二到第四旋回上部，井田范围内均普遍发育有泥炭沼泽相沉积，分别形成 14，13，11 及 10 号煤层，其中 11 号煤层为不稳定局部可采煤层，其余均属不可采煤层。

15 号煤层厚度大、发育稳定，可作为煤岩对比的良好标志层，此外相间于各煤层间的三层稳定石灰岩即 K_2，K_3，K_4 石灰岩为沁水煤田太原期三次大规模海侵的产物，井田内层位稳定，单层平均厚度分别为 5.00 m，2.80 m 和 2.50 m，也为太原组地层良好的对比标志。第一旋回基底砂岩（K_1）发育不稳定，局部相变为泥岩，砂质泥岩，反映了井田不同区段沉积环境的局部变异。由 K_4 灰岩顶至 K_7 砂岩底，包括第五、第六两个沉积旋回。平均地层厚度为 69 m，含煤 3 ~ 4 层，砂岩 2 ~ 4 层，旋回结构基本清楚。K_4 灰岩顶至 K_6 砂岩底为 5 旋回。该旋回由分流河道起始，发生 3 次小规模的海侵，分别于分流河道、沼泽相基础上，局部发育为泥炭沼泽相，沉积了 6，8，9 号等煤层，其中 6 号属不稳定零星可采煤层，8 号煤层为稳定可采煤层，9 号煤层为较稳定大部分采煤层。

2）山西组（P_{1s}）

山西组地层平均厚度为 60.30m，由深灰 – 灰黑色泥岩、砂质泥岩间灰色砂岩及煤层组成，含煤4层，煤层均不可采，根据岩性岩相特征，山西组基本属滨海三角洲沉积。底砂岩（K_7）为一层灰色中细粒砂岩，粒级呈正序律变化，属分流河道沉积，之后逐渐过渡为天然堤、湖沼及泥炭沼泽相沉积。随着地壳的频繁震荡，古地理环境发生周期性变化，几乎于每个沉积旋回的中后期均形成了规范不同的泥岩沼泽环境，沉积了1，2，3，4号煤层，均属不可采煤层。煤层特征见表6-1所示。

表6-1 煤层特征表

煤层	煤层间距 m 最小-最大 平均	煤层厚度 m 最小-最大 平均	煤层结构	顶板岩性	底板岩性	稳定程度	可采性
1	3.56-12.38 / 9.21	0-0.30 / 0.10	简单	细粒砂岩	中细砂岩	不稳定	不可采
2	1.78-13.67 / 8.00	0-0.70 / 0.22	简单	中细砂岩	泥岩、砂质泥岩	不稳定	不可采
3	3.53-18.58 / 13.43	0-1.20 / 0.19	简单	泥岩、砂质泥岩	砂质泥岩、粉砂岩	稳定	不可采
4	0.50-6.88 / 3.25	0-1.20 / 0.17	简单	砂质泥岩、粉砂岩	泥岩、砂质泥岩	不稳定	不可采
5	9.14-27.72 / 17.34	0-0.33 / 0.12	简单	泥岩、中砂岩、砂质泥岩	砂质泥岩、泥岩、细砂岩、中砂岩	不稳定	不稳定零星开采
6	1.80-15.83 / 5.97	0-1.55 / 0.42	简单	砂质泥岩、泥岩	泥岩、粉砂岩、砂质泥岩	不稳定	不可采
7	16.50-31.07 / 22.73	0.75-2.39 / 1.91	简单	泥岩、砂质泥岩	泥岩、砂质泥岩、中细砂岩、炭质泥岩、粉砂岩	稳定	可采
8	4.53-29.22 / 13.96	0-2.10 / 1.23	简单	泥岩、砂质泥岩、炭质泥岩	砂质泥岩、泥岩、粉砂岩、中细砂岩	稳定	大部分可采
9	0.85-2.70 / 1.91	0.3-0.97 / 0.56	简单	泥岩	砂质泥岩、泥岩	不稳定	不可采
10	3.23-19.29 / 8.47	0-0.93 / 0.63	简单	砂质泥岩、泥岩	泥岩、砂质泥岩、粉砂岩、粉砂岩	不稳定	不可采

续表

煤层	煤层间距 m 最小－最大 平均	煤层厚度 m 最小－最大 平均	煤层结构	顶板岩性	底板岩性	稳定程度	可采性
11	7.09-17.50 / 10.57	0-1.05 / 0.50	简单	泥岩	细砂岩岩泥砂岩、粗砂岩	不稳定	不可采
12	5.27-40.26 / 18.07	0-1.24 / 0.43	简单	泥岩	泥岩、粉砂岩、砂质泥岩、细砂岩	不稳定	不可采
13	2.12-13.08 / 6.34	3.63-7.35 / 5.00	较简单	泥岩、粉砂岩、砂质泥岩、细砂岩	粉砂岩、炭质泥岩	稳定	稳定可采
14		0-0.5 / 0.20	简单	泥岩、砂质泥岩、铝土质泥岩	砂质泥岩	不稳定	不可采

6.3.4　实验矿井开拓与开采

马堡矿井采用斜井立井混合开拓方式，主要开采 8 号和 15 号煤层，采用两个水平分区开采，8 号煤层水平标高为 +950 m，15 号煤层水平标高为 +900 m。8 号煤层在全井田划分为 3 个采区，15 号煤层在全井田划分为 4 个采区。8 号煤采用一次采全高综采采煤工艺，工作面的回采率为95%。15 号煤回采工作面采用长壁大采高一次采全高综采采煤法，两层煤的回采工作面顶板管理均采用全部垮落法。全矿井日产煤量为 4 545.5 t，8号煤层工作面日产量为 1 515.5 t，15 号煤层工作面日产量为 3 030 t，采掘比分别为 1 ： 2。

6.3.5　实验矿井通风系统

马堡矿井通风方式为中央分区式，通风方法为机械抽出式负压通风，主斜井、副斜井和行人斜井为进风井，8 号和 15 号煤层两个水平均建有独立的回风立井。采区、采掘工作面通风均采用独立通风方式。回采工作面采用全负压通风，掘进工作面采用局部通风机压入式通风。8 号煤层回风立井安装两台 FBCDZ № 27/355 kW × 2（NO 是煤矿风机的专用标识；KW 是千瓦的意思，这组次是煤矿风机的专用词；27/355 是指型号）型防爆对旋轴流式通风机，风量范围为 6360 ~ 1 1160 m^3/min；15 号煤层回风立井安装的是两台 FBCDZ54–8– № 27/355 kW × 2 型防爆对旋轴流式通风机，风量范围为 3720 ~ 14 100 m^3/min。8 号和 15 号煤层两个水平总进风量分别为 6 048 m^3/min 和 6 577 m^3/min，通风等积孔分别为 2.52 和 3.07，属通风容易矿井。

6.4　实验煤层瓦斯基础参数测试与赋存特征分析

实验煤层瓦斯基础参数测试及赋存特征分析是开展液态二氧化碳相变气爆致裂增透井下实验研究的前提和基础，通过井下测试对比煤层采取增透措施前后瓦斯基础参数的变化，从而客观评判致裂增透的应用效果。

6.4.1　实验煤层概况

本次液态二氧化碳相变气爆致裂增透井下实验研究场地分别布置在 8 号和 15 号煤层，其中回采工作面液态二氧化碳相变气爆致裂增透实验布置在 8 号煤层 8208 回采工作面，煤巷掘进工作面液态二氧化碳相变气爆致裂增透实验布置在 15 号煤层 15203 回风顺槽煤巷掘进工作面，回采工作面不同增透技术的对比实验布置在 15 号煤层 15108 回采工作面。

8 号煤层位于太原组上部，上距 K_7 砂岩 34.36 m 左右。煤层厚度为 0.75 ~ 2.39 m，平均厚度为 1.92 m，属于薄 – 中厚煤层，其可采性指数为 1，厚度变异系数为 23%，该煤层在井田东部出露，区域内赋存稳定的可采煤层，一般不含夹矸，局部含一层厚度 0.05 ~ 0.30 m 的泥岩及炭质泥岩夹矸，结构简单，顶板主要为泥岩、砂质泥岩，底板主要为泥岩、砂质泥岩，局部为炭质泥岩、粉砂岩、中细砂岩。

15 号煤层位于太原组下段，与上部 9 号煤层距离为 47.24 ~ 71.63 m，平均厚度为 56.39 m。煤层厚度为 3.63 ~ 7.35 m，平均厚度为 5.00 m，属于厚煤层，其可采性指数为 1，厚度变异系数为 17%，为全区可采的稳定煤层，一般含 0 ~ 3 层厚度为 0.02 ~ 0.60 m 的泥岩及炭质泥岩夹矸，结构较简单，顶板主要为泥岩、砂质泥岩，局部为粉砂岩，中细砂岩；底板主要为泥岩、铝土泥岩，局部为炭质泥岩。

6.4.2　煤层瓦斯含量测定

煤层瓦斯含量指单位质量或体积的原始煤体中含有瓦斯的体积，常用的表示方法有：m^3/m^3 或 m^3/t。瓦斯含量是评判煤层瓦斯高低的重要指标之一，在煤矿生产过程中煤层瓦斯含量主要应用在采掘工作面瓦斯涌出量预测、工作面抽采达标评判和瓦斯抽采效果考察指标等方面。本书实测实验煤层瓦斯含量的目的在于对比气爆致裂增透对原煤瓦斯含量的影响。

原煤炭科学研究总院抚顺分院及重庆分院编制的国家规范《GBT 23250–2009 煤层瓦斯含量井下直接测定方法》定义和规定了直接测定煤层瓦斯含量的采样方法、解吸瓦斯含量的测点方法及残存瓦斯含量的测定方法，本次实验研究所采用的方法基于该规范开展实施。

本次井下煤层原始瓦斯含量测定的采样解吸瓦斯含量装置采用沈阳研究院自主研发的 SYQY–73 型定点快速取样设备。

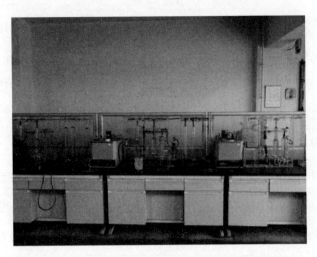

图 6-18 实验室脱气法残存瓦斯含量测定装置

通过在马堡矿井实验煤层 8 号和 15 号煤层选取多个不同且具有代表性的位置测定煤层原始瓦斯含量，测定结果分别见表 6-2 和表 6-3 所示。

表 6-2 8 号煤层瓦斯含量实测结果表

序号	测定地点	底板标高 /m	基岩厚度 /m	煤样可燃质质量 /g	解吸量 /（m³/t）	损失量 /（m³/t）	残存量 /（m³/t）	瓦斯含量 /（m³/t）
1	8204 回风顺槽	+900	427	255	3.87	0.67	2.14	6.68
2	8201 回风补巷开口 20 m 处	+980	365	342	3.30	0.68	1.29	5.27
3	8201 运输顺槽	+950	395	287	2.60	0.81	2.21	5.62
4	82 采区回风下山 725 m 处	+830	465	305	4.83	0.57	2.06	7.46
5	8 号煤层运输下山 765 m 处	+915	375	318	3.34	0.45	1.61	5.40
6	8109 运输顺槽	+900	401	255	2.94	0.63	2.42	5.99
7	8201 运输顺槽	+960	304	287	1.91	0.45	1.41	3.77
8	8201 回风补巷开口 20 m 处	+980	369	342	3.30	0.68	1.29	5.27
9	82 采区北回风巷掘进头	+980	541	312	6.22	0.64	2.37	9.23

表 6-3　15 号煤层瓦斯含量实测结果表

序号	测定地点	底板标高 /m	基岩厚度 /m	煤样可燃质质量 /g	解吸量 /（m³/t）	损失量 /（m³/t）	残存量 /（m³/t）	瓦斯含量 /（m³/t）
1	15103 运输顺槽	+1000	312	243	3.22	0.72	1.97	5.91
2	15104 运顺开口处 140 m	+950	300	243	1.49	0.46	1.36	3.31
3	15104 回风顺槽 40 m 处	+1000	228	248	1.95	0.46	1.58	3.99
4	15108 回风顺槽 465 m 处	+825	425	315	5.27	0.65	1.86	7.78
5	15103 皮带顺槽	+980	261	274	2.24	0.51	1.34	4.10
6	15103 回风顺槽开口处 700 m	+1024	223	243	1.49	0.46	1.36	3.31
7	15203 回风顺槽掘进头 200 m 处	+915	412	308	4.36	0.57	2.61	7.54

由图 6-19 至图 6-22 为煤层瓦斯含量与底板标高以及瓦斯含量与埋深的回归关系图分析可以看出，实验煤层均位于甲烷带内；煤层瓦斯含量与底板标高无明显关系；煤层瓦斯含量与埋藏深度具有相关性高的线性关系，随着采掘延伸埋藏深度增大，矿井将面临更严峻的瓦斯问题。8 号和 15 号煤层瓦斯含量与埋深的关系式分别为

$$W_8 = 0.023H_8 - 3.2384 \qquad （6\text{-}1）$$

$$W_{15} = 0.0216H_{15} - 1.5315 \qquad （6\text{-}2）$$

式中：W_8——8 号煤层瓦斯含量，m³/t；

H_8——8 号煤层埋深，m；

W_{15}——15 号煤层瓦斯含量，m³/t；

H_{15}——15 号煤层埋深，m。

瓦斯含量梯度是指煤层埋藏深度每增减 100 m 时瓦斯含量平均变化值，

可由下式得出：

$$G_{\mathrm{T}} = \frac{100(W_2 - W_1)}{H_2 - H_1} \qquad (6\text{-}3)$$

式中： G_{T}——煤层瓦斯含量梯度，$\mathrm{m}^3/(\mathrm{t} \times 100\mathrm{m})$；

W_1——标高为 H_1 时的瓦斯含量，m^3/t；

W_2——标高为 H_2 时的瓦斯含量，m^3/t；

H_1——瓦斯含量为 W_1 时的埋深，m；

H_2——瓦斯含量为 W_2 时的埋深，m。

由式（6-1）、式（6-2）和式（6-3）可以计算得出实验煤层 8 号煤层瓦斯含量梯度为 2.30 $\mathrm{m}^3/(\mathrm{t} \times 100\mathrm{m})$，15 号煤层瓦斯含量梯度为 2.16 $\mathrm{m}^3/(\mathrm{t} \times 100\mathrm{m})$。

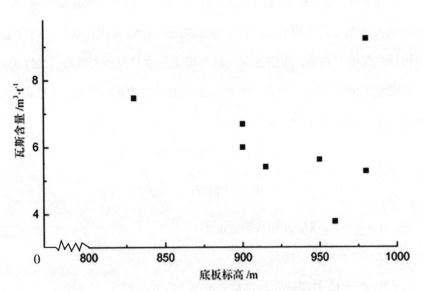

图 6-19　8 号煤层瓦斯含量与底板标高关系散点分布图

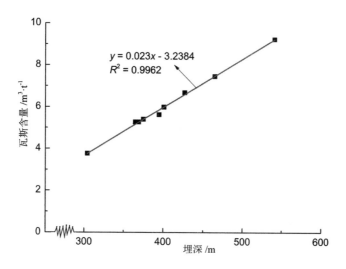

图 6-20 8 号煤层瓦斯含量与埋深关系散点分布及回归关系图

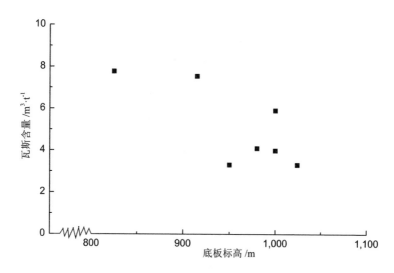

图 6-21 15 号煤层瓦斯含量与底板标高关系散点分布图

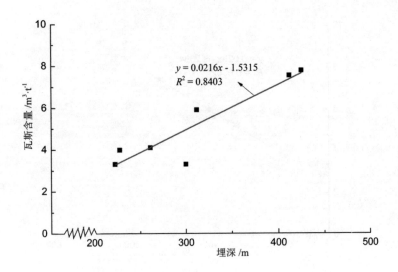

图 6-22　15 号煤层瓦斯含量与埋深关系散点分布及回归关系图

6.4.3　煤层钻孔自然瓦斯涌出特征系数测定

煤层钻孔自然瓦斯涌出特征系数指煤层钻孔施工完成后，在井下常态下钻孔内初始瓦斯涌出强度 q_c 和钻孔瓦斯涌出流量衰减系数 a_z，其中钻孔瓦斯涌出流量衰减系数 α_z 是判断煤层瓦斯抽采难易程度的一个重要参数。本书实测煤层钻孔自然瓦斯涌出特征系数用于对比研究气爆增透前后相关参数的变化规律。

煤层钻孔自然瓦斯涌出特征系数 q_c 和 a_z 是通过在煤层钻孔孔口不同时间测定钻孔内瓦斯涌出量，并采用下式进行回归分析得出：

$$q_t = q_c e^{-a_z t} \tag{6-4}$$

式中：q_t——煤层钻孔自然排放 t 时刻的钻孔自然瓦斯流量，m³/min；

q_c——煤层钻孔自然排放 $t=0$ 时刻的钻孔自然瓦斯流量，m³/min；

α_z——煤层钻孔自然瓦斯流量衰减系数，d^{-1}；

t——煤层钻孔自然排放瓦斯时间，d。

对式（6-4）积分可得出任意时间段 t 内煤层钻孔瓦斯涌出总量 Q_t：

$$Q_t = \int_0^t q_t \mathrm{d}t = \int_0^t q_c \mathrm{e}^{-a_s t} = \frac{q_c(1-\mathrm{e}^{-a_s t})}{a_z} \qquad (6-5)$$

式（6-5）可以表示为

$$Q_t = Q_J(1-\mathrm{e}^{-a_s t}) \qquad (6-6)$$

式中：Q_J——煤层钻孔的极限瓦斯涌出量，$Q_J = 1\,440 q_c/\alpha_z$，$m^3$。

本次煤层钻孔自然瓦斯涌出特征系数测定分别在 8 号煤层 8208 工作面和 15 号煤层 15108 工作面实施，钻孔参数如表 6-4 所示。井下测试设备选用沈阳研究院研制的孔板多级流量计如图 6-23 所示。根据实测数据拟合得出 8 号和 15 号煤层煤层钻孔瓦斯衰减曲线如图 6-24 和图 6-25 所示。

图 6-23　孔板多级流量计

表 6-4　煤层自然瓦斯涌出特征系数测定钻孔施工参数

煤层	测试地点	孔深 /m	孔径 /m	封孔长度 /m	净孔长度 /m
8 号	8208 工作面运输顺槽 500 m	51	94	6.0	45
15 号	15108 工作面运输顺槽 800 m	51	94	6.0	45

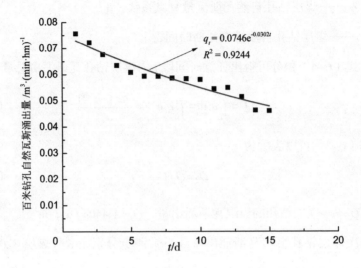

图 6-24　8 号煤层钻孔瓦斯涌出衰减曲线

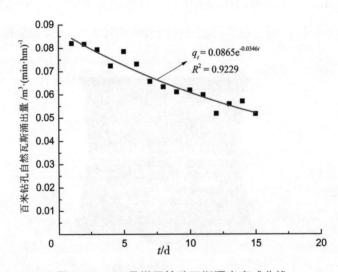

图 6-25　15 号煤层钻孔瓦斯涌出衰减曲线

表 6-5　煤层钻孔自然瓦斯涌出特征系数结果表

煤层	测试地点	自然瓦斯涌出衰减系数 a_z/d^{-1}	百米钻孔初始瓦斯涌出量 q_c /[m³/(min.hm)]	百米钻孔极限涌出量 $Q_J/$（m³/hm）
8 号	8208 工作面运输顺槽 500 m	0.031	0.0746	3 375
15 号	15108 工作面运输顺槽 800 m	0.035	0.0865	3 600

6.4.4　煤层透气性系数测定

煤体是一种多孔介质，在压力梯度作用下瓦斯在煤层内流动。煤层透气性系数是表征煤层内瓦斯流动难易程度的参数，也是评判煤层可抽采性的重要指标。煤层透气性系数的物理意义是在 1 m 长的煤体和 1 MPa² 压力平方差时，瓦斯流过 1 m² 煤层断面，每日流经的瓦斯量。本书实测煤层透气性系数用于对比研究气爆增透实验对原始煤体透气性系数的变化。

国内煤炭行业普遍采用钻孔径向流量法测定煤层透气性系数，钻孔径向流量法的理论基础是煤层径向不稳定流动理论，钻孔径向不稳定流动计算公式如表 6-6 所示。

表 6-6　径向流量法计算煤层透气性系数公式表

时间准数 $F_0=S\lambda$	煤层透气性系数 λ	常　数 A	常　数 S
$10^{-2} \sim 1$	$\lambda = A^{1.61} S^{0.61}$		
$1 \sim 10$	$\lambda = A^{1.39} S^{0.391}$		
$10 \sim 10^2$	$\lambda = 1.1 A^{1.25} S^{0.25}$	$A = \dfrac{q_z r_1}{p_0^2 - p_1^2}$	$S = \dfrac{4 \times p_0^{1.5}}{a_h \cdot r_1^2}$
$10^2 \sim 10^3$	$\lambda = 1.83 A^{1.14} S^{0.137}$		
$10^3 \sim 10^5$	$\lambda = 2.1 A^{1.11} S^{0.111}$		
$10^5 \sim 10^7$	$\lambda = 3.14 A^{1.07} S^{0.07}$		

式中：λ——煤层透气性系数，m²/（MPa²·d）；

F_0——时间准数，无因次；

A，S——常数；

P_0——煤层原始绝对瓦斯压力（压力表读数加 0.1 MPa），MPa；

P_1——煤层钻孔自然排放瓦斯时的压力，一般为 0.1MPa；

r_1——煤层测试钻孔的半径，m；

a_h——煤层瓦斯含量系数，m³/（m³·MPa^{1/2}），可由下式计算得出：

$$a_h = \frac{W_t}{\sqrt{p_w}} \qquad (6-7)$$

式中：W_t——测压点煤层的瓦斯含量，m³/m³；

p_w——测瓦斯含量点的瓦斯压力，MPa。

q_z——测试钻孔排放瓦斯 t 时刻煤壁单位面积瓦斯的流量 m³/(m²·d)，可由下式计算得出：

$$q_z = \frac{Q_{zt}}{2\pi r_1 L_z} \qquad (6-8)$$

式中：Q_{zt}——测试钻孔 t 时刻瓦斯流量，m³/d；

L_z——测试钻孔的见煤长度，一般为测试煤层的厚度，m。

表 6-7　实验煤层透气性系数计算结果表

煤层	测试地点	煤层瓦斯压力 /MPa	瓦斯含量系数 / [m³/（m³·MPa^{1/2}）]	煤层透气性系数 / [m²/（MPa²·d）]
8 号	82 采区下山岩巷	0.48	14.68	1.11
15 号	151 采区下山岩巷	0.57	14.03	1.32

由表 6-7 可以看出，8 号煤层实测煤层透气性系数为 1.11m²/MPa²·d，15 号煤层实测煤层透气性系数为 1.32m²/MPa²·d，可以判断两层煤在开展本煤层抽采时难度较大。

6.4.5　煤层巷道预排瓦斯带测定

回采工作面煤层巷道预排瓦斯带是煤矿生产中一个重要的基础参数，其主要应用在以下三个方面：一是在进行煤巷掘进工作面抽采钻孔设计时，煤层巷道预排瓦斯带范围是顺层抽采钻孔终孔位置的参考依据；二是在进行回采工作面瓦斯涌出量预测时，煤层巷道预排瓦斯带范围准确性是提高预测准确度的重要参数；三是在进行煤层抽采钻孔封孔和采取煤层增透措施时，煤层巷道预排瓦斯带范围是确定抽采封孔长度和增透区域的重要依据。实测 8 号煤层巷道预排瓦斯带范围的工作面为 8208 回采工作面，测点布置平面示意图如图 6-27 所示，实验钻孔布置参数见表 6-8 所示。实测研究分三个阶段：第一阶段是 8208 回采工作面回风顺槽掘进之前，首先在 82 采区下山大巷内与顺槽施工 5 个平行顺层实验钻孔，随后对实验钻孔进行水泥封孔，封孔时预留注示踪气体段和注气管，封孔 24 小时后打开注气阀门向示踪气体段注入 SF6 气体；第二阶段是煤层巷道正常掘进过程中在对应各实验钻孔安设煤壁罩及示踪气体定量监测装置；第三阶段是根据监测系统数据统计分析煤层巷道预排瓦斯带范围。通过在 8208 实验工作面连续跟踪监测数据，汇总数据绘制时间 – 体积分数图如图 6-27 至图 6-31 所示。

表 6-8　8208 实验工作面煤层巷道预排瓦斯带实验钻孔布置参数

钻孔编号	钻孔深度 /m	封孔深度 /m	方位角 /°	孔径 /mm	距离回风顺槽煤壁距离 /m
实验钻孔 1	100	99	垂直煤壁	94	10
实验钻孔 2	80	89	垂直煤壁	94	12
实验钻孔 3	60	59	垂直煤壁	94	14
实验钻孔 4	40	39	垂直煤壁	94	16
实验钻孔 5	20	19	垂直煤壁	94	18

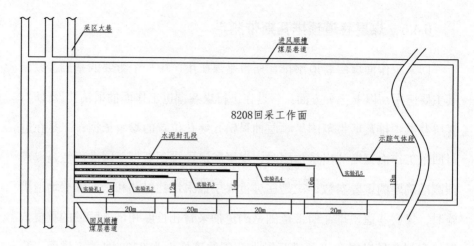

图 6-26　8208 实验工作面煤层巷道预排瓦斯带测定平面布置示意图

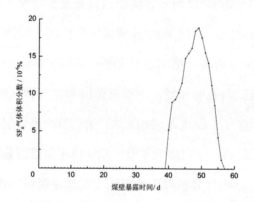

图 6-27　距离实验钻孔 10 m 煤壁暴露时间与 SF6 体积分数关系图

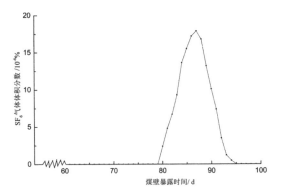

图 6-28　距离实验钻孔 12 m 煤壁暴露时间与 SF6 体积分数关系图

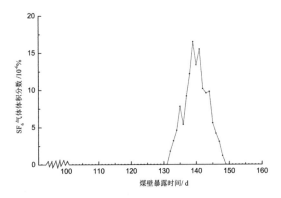

图 6-29　距离实验钻孔 14 m 煤壁暴露时间与 SF6 体积分数关系图

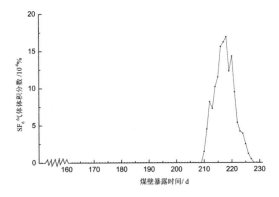

图 6-30　距离实验钻孔 16 m 煤壁暴露时间与 SF6 体积分数关系图

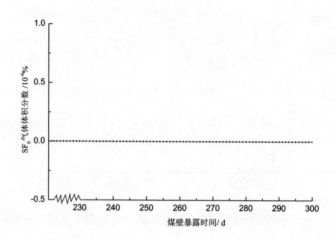

图 6-31 距离实验钻孔 18 m 煤壁暴露时间与 SF6 体积分数关系图

由图 6-27 至图 6-31 所示，在 8208 实验工作面回风顺槽 300 连续监测示踪气体 SF_6 的体积分数，图 6-27 可以看出距离煤壁 10 m 的实验钻孔，当煤壁暴露 40 d 时开始监测到示踪气体，图 6-28 可以看出距离煤壁 12 m 的实验钻孔，当煤壁暴露 80 d 时开始监测到示踪气体，图 6-29 可以看出距离煤壁 14 m 的实验钻孔，当煤壁暴露 132 d 时开始监测到示踪气体，图 6-30 可以看出距离煤壁 16 m 的实验钻孔，当煤壁暴露 210 d 时开始监测到示踪气体，图 6-31 可以看出距离煤壁 18 m 的实验钻孔，在煤壁持续 300 d 以内均未捕捉监测到示踪气体。

根据上述现场测定分析结果可以得出：8208 实验工作面煤层巷道预排瓦斯带宽度为 16 m，根据实测结果，工作面煤层钻孔封孔深度建议在 16 m 左右，按照规范封孔 8 m 将出现本煤层抽采钻孔漏气导致瓦斯浓度偏低的问题。本书采用液态二氧化碳相变气爆致裂增透实验时，为了提高增透的效率和经济性，在靠近巷道侧 16 m 的范围可不采取增透措施。

6.4.6　煤层瓦斯抽采半径测定

顺层钻孔抽采是高瓦斯突出矿井开展瓦斯防治的基础技术手段，针对低渗透煤层提高顺层钻孔抽采效果的方法有：一是采取增透技术措施；二是优化钻孔参数及抽采参数。瓦斯抽采半径是影响顺层钻孔抽采合理性的重要参数，本煤层钻孔布置间距超过抽采半径将出现抽采盲区，布置间距过小将提供钻孔工程量；同时本煤层瓦斯抽采半径也是在进行增透技术时重要的参考依据。本书为了考察液态二氧化碳相变气爆致裂增透前后对本煤层瓦斯抽采半径的影响，在8208实验工作面实测了原始煤体本煤层瓦斯抽采半径，测试钻孔布置图如图6-32所示，测试钻孔施工参数如表6-9所示，测定煤层抽采半径注气现场图如图6-33所示。

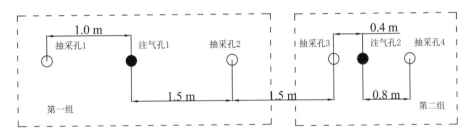

图6-32　煤层抽采半径考察测试钻孔布置图

表6-9　测试钻孔施工参数表

钻孔名称	开孔高度 /m	孔径 /mm	钻孔深度 /m	封孔深度 /m	倾角 /°	与巷道中心线夹角 /°
注气孔1	1.5	94	50	20	0	90
注气孔2	1.5	94	50	20	0	90
抽采孔1	1.5	94	50	16	0	90
抽采孔2	1.5	94	50	16	0	90
抽采孔3	1.5	94	50	16	0	90
抽采孔4	1.5	94	50	16	0	90

图 6-33　测定煤层抽采半径注气现场图

　　在完成注气钻孔封孔后向注气钻孔 1 和注气钻孔 2 持续注气的过程中，巷道抽采管路连接抽采钻孔进行负压抽采，抽采过程中在管路监测示踪气体 SF_6 的体积分数，在抽采钻孔 1、抽采钻孔 3 和抽采钻孔 4 中均监测到示踪气体，而抽采钻孔 2 一直未能监测到示踪气体。绘制的抽采钻孔示踪气体体积分数变化曲线如图 6-34 所示。

　　现场实测的瓦斯抽采半径考察注气钻孔与抽采钻孔测试原始数据如表 6-10 和表 6-11 所示。

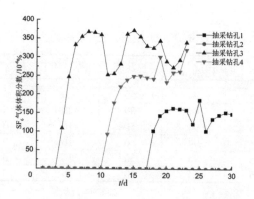

图 6-34　不同抽采钻孔内示踪气体体积分数变化曲线

由图 6-34 可以得出结论：8208 实验工作面原始煤体在工况负压为 15 kPa 和孔径为 94 mm 时，实验煤层的本煤层顺层钻孔抽采影响半径为 1.0 m。

表 6-10　瓦斯抽采半径考察注气钻孔与抽采钻孔测试数据汇总（表一）

观测日期	注气孔 2		抽采孔 3		抽采孔 4	
	注气压力 /MPa	SF_6 体积分数 $/10^{-6}$%	抽采压力 /kPa	SF_6 体积分数 $/10^{-6}$%	抽采压力 /kPa	SF_6 体积分数 $/10^{-6}$%
2017-04-15	1.1	3 266	-15.5	0	-15.2	0
2017-04-16	1.0	3 189	-15.2	0	-15.5	0
2017-04-17	1.0	3 203	-16.0	0	-16.1	0
2017-04-18	1.2	3 288	-15.7	109	-15.6	0
2017-04-19	1.2	3 264	-15.0	247	-15.0	0
2017-04-20	1.0	3 204	-15.3	333	-15.3	0
2017-04-21	1.1	3 259	-15.5	355	-15.0	0
2017-04-22	0.9	3 043	-15.1	368	-15.2	0
2017-04-23	1.0	3 176	-15.5	366	-15.5	0
2017-04-24	1.0	3 129	-15.4	360	-15.4	0
2017-04-25	1.2	3 288	-15.1	253	-15.0	93
2017-04-26	1.0	3 147	-15.0	256	-15.2	177
2017-04-27	1.0	3 126	-15.0	282	-15.4	221
2017-04-28	1.0	3 133	-15.1	362	-15.3	239
2017-04-29	1.2	3 295	-15.1	372	-15.2	249
2017-04-30	1.1	3 221	-15.3	355	-15.0	250
2017-05-01	1.1	3 202	-15.5	330	-15.7	245
2017-05-02	1.0	3 145	-15.1	325	-15.5	242
2017-05-03	1.0	3 104	-15.5	344	-15.2	301
2017-05-04	1.0	3 177	-15.4	289	-15.5	233
2017-05-05	0.9	3 029	-15.1	273	-15.4	259
2017-05-06	1.0	3 022	-15.2	293	-15.0	262
2017-05-07	1.0	3 129	-15.2	340	-15.1	320

表 6-11　瓦斯抽采半径考察注气钻孔与抽采钻孔测试数据汇总（表二）

观测日期	注气孔 1		抽采孔 1		抽采孔 2	
	注气压力 /MPa	SF_6 体积分数 $/10^{-6}$%	抽采压力 /kPa	SF_6 体积分数 $/10^{-6}$%	抽采压力 /kPa	SF_6 体积分数 $/10^{-6}$%
2017-04-15	1.0	3 318	-15.1	0	-15.2	0
2017-04-16	1.0	3 239	-15.2	0	-15.3	0
2017-04-17	1.3	3 346	-15.6	0	-15.4	0
2017-04-18	1.1	3 243	-15.0	0	-15.1	0

续表

观测日期	注气孔 1		抽采孔 1		抽采孔 2	
	注气压力/MPa	SF$_6$ 体积分数 /10^{-6}%	抽采压力/kPa	SF$_6$ 体积分数 /10^{-6}%	抽采压力/kPa	SF$_6$ 体积分数 /10^{-6}%
2017−04−20	1.2	3 144	−15.4	0	−15.4	0
2017−04−21	1.1	3 227	−15.3	0	−15.3	0
2017−04−22	1.0	3 405	−15.1	0	−15.2	0
2017−04−23	1.0	3 217	−16.0	0	−15.9	0
2017−04−24	1.3	3 312	−15.5	0	−15.4	0
2017−04−25	1.2	3 241	−15.3	0	−15.3	0
2017−04−26	0.9	3 135	−15.2	0	−15.2	0
2017−04−27	1.1	3 249	−15.7	0	−15.5	0
2017−04−28	1.0	3 188	−15.5	0	−15.5	0
2017−04−29	1.0	3 250	−15.2	0	−15.2	0
2017−04−30	1.3	3 256	−15.1	0	−15.1	0
2017−05−01	1.3	3 303	−15.2	0	−15.6	0
2017−05−02	1.3	3 261	−15.2	102	−15.2	0
2017−05−03	1.2	3 182	−15.4	143	−15.5	0
2017−05−04	1.0	3 123	−15.2	156	−15.2	0
2017−05−05	1.0	3 127	−15.7	163	−15.5	0
2017−05−06	1.0	3 201	−15.2	161	−15.1	0
2017−05−07	1.2	3 324	−15.3	158	−15.3	0
2017−05−08	1.2	3 280	−15.3	121	−15.2	0
2017−05−09	1.2	3 255	−15.2	185	−15.0	0
2017−05−10	1.0	3 156	−15.2	102	−15.1	0
2017−05−11	1.0	3 203	−15.2	134	−15.2	0
2017−05−12	1.1	3 296	−15.3	145	−15.2	0
2017−05−13	1.1	3 143	−15.2	152	−15.5	0
2017−05−14	1.1	3 213	−15.1	148	−15.2	0

6.5　回采工作面液态二氧化碳相变致裂增透实验研究

6.5.1　回采工作面相变气爆致裂增透实验方案设计

1）实验工作面概况

回采工作面液态二氧化碳相变气爆致裂增透实验在 8 号煤层 82 采区的 8208 回采工作面实施，工作面煤层平均厚度为 2.1 m，总体走向 NE—

NW、倾向 NW 的单斜构造，煤层产状一般为 10° ～ 15°，平均倾角为 14°。煤质皆呈黑色、灰黑色，金属光泽，节理、层理发育，断面平整，细 – 中条带状结构、块状或层状构造，硬度为 1.2 ～ 2°，比重较轻（1.3 t/m³）。煤层属低灰 – 中高灰、低硫 – 中高硫、中发热量 – 特高发热量的焦煤（JM）及瘦煤（SM）。工作面采用 "U 形" 通风方式，两条顺层均敷设有直径 377 mm 的瓦斯抽采管路。在实施回采工作面气爆致裂增透实验前测定的煤层原始瓦斯基础参数如表 6–12 所示。

表 6–12　实验工作面煤层原始瓦斯基础参数表

瓦斯参数名称	瓦斯含量 /（m³/t）	百米钻孔初始瓦斯涌出量 /[m³·(min.hm)]	自然瓦斯涌出衰减系数 /d⁻¹	瓦斯压力 /MPa	煤层透气性系数 /[m²/(MPa²·d)]	抽采半径 /m
实测数值	6.28	0.0302	0.0746	0.48	1.11	1.5

2）回采工作面相变气爆致裂增透实验方案设计

（1）回采工作面相变气爆致裂增透半径实验。在 8208 实验工作面开展回采工作面相变气爆致裂增透半径实验，本次实验共施工 6 个本煤层顺层钻孔，增透半径考察钻孔参数如表 6–13 所示。当完成液态二氧化碳相变气爆致裂增透后及时对爆破孔进行封孔示踪气体 SF6，随后在爆破孔旁的控制孔（抽采孔）监测钻孔内混合气体中示踪气体 SF6 的体积分数。由于已测定原始煤层抽采半径为 1.0 m，所以本次增透半径实验最短抽采孔距离为 1.0 m，气爆致裂增透半径考察实验钻孔布置图如图 6–35 所示。

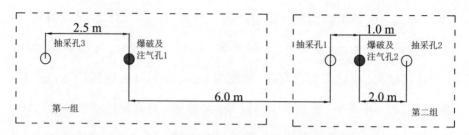

图 6-35　气爆致裂增透半径考察实验钻孔布置图

表 6-13　测试钻孔施工参数表

钻孔名称	开孔高度 /m	孔径 /mm	钻孔深度 /m	封孔深度 /m	倾角 /°	与巷道中心线夹角 /°
爆破及注气孔 1	1.5	94	50	20	0	90
爆破及注气孔 2	1.5	94	50	20	0	90
抽采孔 1	1.5	94	50	16	0	90
抽采孔 2	1.5	94	50	16	0	90
抽采孔 3	1.5	94	50	16	0	90

（2）回采工作面相变气爆致裂增透对钻孔自然瓦斯涌出影响实验。回采工作面相变气爆致裂增透对钻孔自然瓦斯涌出影响实验是在气爆增透半径实验的基础上完成的，在完成煤层钻孔气爆实验后，在爆破及注气钻孔 1 旁施工 3 个顺层平行于爆破钻孔的钻孔，气爆增透对钻孔自然瓦斯涌出特征系数影响实验测定钻孔布置如图 6-39 所示，测试钻孔施工参数表如表 6-14 所示。

表 6-14　钻孔自然瓦斯涌出特征测试钻孔施工参数表

钻孔名称	开孔高度 /m	孔径 /mm	钻孔深度 /m	封孔深度 /m	倾角 /°	与爆破注气钻孔的水平距离 /m
测试孔 1	1.5	94	50	16	0	1
测试孔 2	1.5	94	50	16	0	2
测试孔 3	1.5	94	50	16	0	3

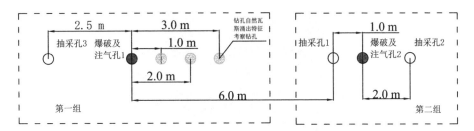

图 6-36　气爆致裂增透对钻孔自然瓦斯涌出特征系数影响的实验钻孔布置图

6.5.2　回采工作面相变气爆致裂增透效果考察

1）回采工作面相变气爆致裂增透半径实验

按照回采工作面相变气爆致裂增透实验方案设计，在 8208 实验工作面顺槽内实施两个液态二氧化碳相变气爆致裂钻孔，设备选用中国煤炭科工集团沈阳研究院自主研发的致裂器型号为 MZL300-63/1000，泄爆阀片选用 200 MPa，封孔采用水压囊袋式封孔系统如图 6-15 所示，根据实测 8208 实验工作面煤巷预排瓦斯带宽度，爆破封孔深度为 16 m。气爆连接完成后，采用远距离启动爆破，爆破钻孔的下风向禁止有人员作业，爆破完成 30 分钟后方可进入爆破地点作业。回采工作面气爆增透实验部分井下现场图如图 6-37 和图 6-38 所示。

图 6-37　井下单根致裂器连接调试现场图

图 6-38   钻孔气爆后致裂器喷出拉直保护钢丝绳现场图

在完成设计钻孔液态二氧化碳相变气爆致裂增透实验后，采用钻机将致裂器取出后即刻对爆破钻孔进行封孔注入示踪气体SF_6，爆破前已完成封孔的抽采钻孔（考察钻孔）连接顺槽支管路进行负压抽采，随后在各抽采钻孔实时监测抽采混合气体中的示踪气体SF_6的体积分数，各抽采钻孔监测数据见表 6-15 所示。

表 6-15   气爆增透半径考察注气钻孔与抽采钻孔测试数据汇总表

观测日期	注气孔 1		抽采孔 1		抽采孔 2		抽采孔 3	
	注气压力/MPa	SF_6体积分数/10^{-6}%	抽采压力/kPa	SF_6体积分数/10^{-6}%	抽采压力/kPa	SF_6体积分数/10^{-6}%	抽采压力/kPa	SF_6体积分数/10^{-6}%
2017-06-01	1.1	3 188	-15.5	0	-15.2	0	-15.0	0
2017-06-02	1.0	3 210	-15.2	0	-15.5	0	-15.1	0
2017-06-03	1.0	3 205	-16.0	80	-16.1	0	-15.0	0
2017-06-04	1.2	3 189	-15.7	267	-15.6	0	-15.1	0
2017-06-05	1.1	3 162	-15.0	364	-15.0	0	-15.2	0
2017-06-06	1.1	3 117	-15.3	486	-15.3	0	-15.1	0
2017-06-07	1.1	3 243	-15.5	534	-15.0	0	-15.0	0
2017-06-08	0.9	3 128	-15.1	545	-15.2	0	-15.0	0
2017-06-09	1.2	3 244	-15.5	502	-15.5	76	-15.0	0
2017-06-10	1.1	3 221	-15.4	543	-15.4	198	-15.1	0
2017-06-11	1.0	3 283	-15.1	502	-15.0	276	-15.1	0
2017-06-12	1.0	3 127	-15.1	532	-15.2	387	-15.2	0
2017-06-13	1.1	3 125	-15.2	578	-15.4	392	-15.2	0
2017-06-14	1.0	3 133	-15.1	542	-15.3	401	-15.3	0

续表

观测日期	注气孔 1		抽采孔 1		抽采孔 2		抽采孔 3	
	注气压力/MPa	SF_6体积分数/10^{-6}%	抽采压力/kPa	SF_6体积分数/10^{-6}%	抽采压力/kPa	SF_6体积分数/10^{-6}%	抽采压力/kPa	SF_6体积分数/10^{-6}%
2017-06-15	1.1	3 225	−15.5	544	−15.2	385	−15.1	0
2017-06-16	1.1	3 255	−15.4	502	−15.0	392	−15.0	0
2017-06-17	1.1	3 231	−15.1	533	−15.7	388	−15.1	0
2017-06-18	1.2	3 246	−15.1	521	−15.5	375	−15.2	0
2017-06-19	1.1	3 115	−15.0	544	−15.2	332	−15.2	0
2017-06-20	1.0	3 132	−15.1	505	−15.5	378	−15.5	0
2017-06-21	0.9	3 022	−15.1	512	−15.4	321	−15.2	0
2017-06-22	1.0	3 128	−15.1	533	−15.1	337	−15.1	0
2017-06-23	1.1	3 117	−15.3	532	−15.2	326	−15.3	0
2017-06-24	1.0	3 243	−15.2	541	−15.2	376	−15.2	0
2017-06-25	1.0	3 128	−15.0	529	−15.1	337	−15.5	0
2017-06-26	1.1	3 231	−15.0	577	−15.1	358	−15.1	0
2017-06-27	1.1	3 249	−15.2	514	−15.0	387	−15.0	0
2017-06-28	1.0	3 238	−15.2	554	−15.0	345	−15.1	0
2017-06-29	1.0	3 243	−15.2	553	−15.1	378	−15.0	0
2017-06-30	1.1	3 122	−15.0	519	−15.2	326	−15.0	0

液态二氧化碳相变气爆产生大量气态二氧化碳，为了辨识抽采半径，采用气体示踪的方法。基于该方法实测结果图 6-39 可以看出，实验煤层采用液态二氧化碳相变气爆致裂增透后，气爆后第 3 d 距离爆破钻孔 1.0 m 的抽采钻孔 1 监测到示踪气体，而原始煤体瓦斯抽采半径测定结果图 6-34 中显示距离注气钻孔 1.0 m 时监测到示踪气体时间为 16 d，说明相变气爆有效提高了影响范围内的裂隙形成与扩展。从图中 6-39 可以得出抽采钻孔 2 能够持续监测到示踪气体，而抽采钻孔 3 无法监测到示踪气体，所以可以得出液态二氧化碳相变气爆致裂增透半径为 2.0 m，有效提高了煤层原始瓦斯抽采半径 2 倍的结论。

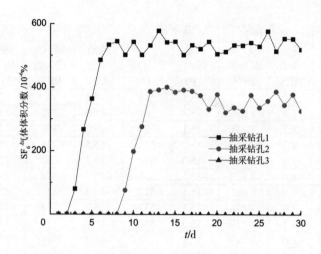

图 6-39 气爆增透半径实验抽采钻孔内示踪气体体积分数变化曲线

2）回采工作面相变气爆致裂增透对钻孔自然瓦斯涌出影响实验

爆破钻孔完成液态二氧化碳相变气爆致裂增透后，随后按照图 6-36 钻孔示意图施工煤层钻孔，用于考察测试钻孔自然瓦斯涌出特征系数，气爆后煤层钻孔测试结果如图 6-40 至图 6-42 所示。

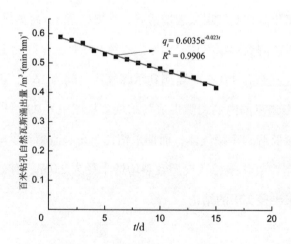

图 6-40 测试钻孔（距离爆破孔 1 m）瓦斯涌出衰减曲线

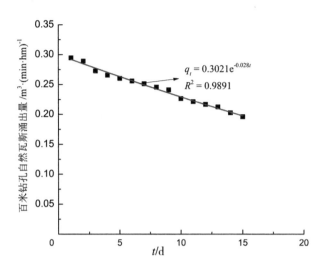

表 6-41　测试钻孔（距离爆破孔 2 m）瓦斯涌出衰减曲线

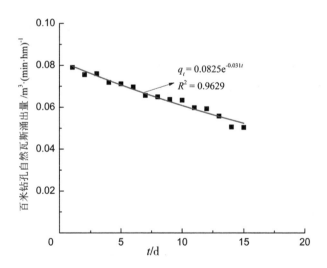

表 6-42　测试钻孔（距离爆破孔 3 m）瓦斯涌出衰减曲线

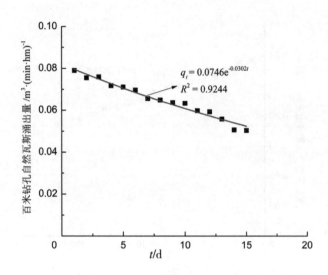

图 6-43　原始煤体煤层钻孔瓦斯涌出衰减曲线

由图 6-40 至图 6-42 所示的距离煤层气爆钻孔不同距离时煤层钻孔自然瓦斯涌出特征曲线，与图 6-43 所示的原始煤体煤层钻孔自然瓦斯涌出特征曲线对比分析可看出：距离爆破钻孔 1 m，2 m 和 3 m 的测试钻孔百米钻孔初始瓦斯涌出量分别为 0.6035 m³/（min·hm）、0.3021 m³/（min·hm）和 0.0825 m³/（min·hm），自然瓦斯涌出衰减系数分别为 0.023/d，0.028/d 和 0.031/d。爆破前原始煤体百米钻孔初始瓦斯涌出量为 0.0746 m³/（min·hm），自然瓦斯涌出衰减系数为 0.031/d。

通过上述数据分析可得出：煤层气爆使得距离爆破钻孔 1 m 的测试钻孔提高了钻孔瓦斯涌出量 8 倍，瓦斯涌出衰减系数降低 0.76 倍；距离爆破钻孔 2 m 的测试钻孔提高了钻孔瓦斯涌出量 4 倍，瓦斯涌出衰减系数降低 0.93 倍；距离爆破钻孔 3 m 的测试钻孔提高了钻孔瓦斯涌出量 1.1 倍，而瓦斯涌出衰减系数无变化。从气爆后煤体煤层钻孔自然瓦斯涌出特征系数可以确定气爆致裂增透有效影响范围为 2 m。距离爆破钻孔 3 m 的测试钻孔瓦斯流量有短暂提高，但随后降低为原始煤体瓦斯涌出强度，分析原因为由爆破震动影响至 3 m 位置，但在地应力作用下震动影响的裂隙又迅速闭合。由测试数据还可看出：气爆能够促使煤体原始裂隙发育和形成新生裂隙，连通裂隙形成裂隙网络从而提高钻孔内瓦斯涌出量，而衰减系数与煤体自身解吸速度相关，这也解释了为什么气爆影响范围内钻孔瓦斯流量大幅增加，而瓦斯衰减系数却下降幅度较小。

6.6　煤巷掘进工作面液态二氧化碳相变致裂增透实验研究

6.6.1　煤巷掘进工作面相变气爆致裂增透实验方案设计

1）实验工作面概况

煤巷掘进工作面液态二氧化碳相变气爆致裂增透实验在 15 号煤层 15203 回风顺槽煤巷掘进工作面实施，工作面上距 9 号煤层距离为 47.24 ~ 71.63 m，平均距离为 56.39 m，煤层厚度为 4.8 ~ 6.2 m，平均厚度为 5.5 m，含 0 ~ 3 层夹矸，结构较简单，可采性指数 K_m=1，变异系数为 18%，属全区稳定可采之煤层。煤质为特低灰 – 中高灰、中硫 – 高硫、中低发热量 – 特发热量的瘦煤（SM）、贫瘦煤（PS）及贫煤（PM）。工作面布置整体为一单斜构造，走向 NNE，倾向 NWW，预计坡度为 0° ~ 4°，较为平缓。掘进工作面采用压入式通风方式，掘进工作面采用先抽采后掘的瓦斯治理方法，预抽时间为 1 个月，在实施回采工作面气爆致裂增透实验前测定的煤层原始瓦斯基础参数如表 6-16 所示。

表 6-16　实验煤巷掘进工作面煤层原始瓦斯基础参数表

瓦斯参数名称	瓦斯含量 /（m³/t）	百米钻孔初始瓦斯涌出量 /[m³/(min·hm)]	自然瓦斯涌出衰减系数 /d⁻¹	瓦斯压力 /MPa	煤层透气性系数 /[m²/（MPa·d）]	预抽时间 /mon
实测数值	7.54	0.086 5	0.035	0.57	1.32	1

2）煤巷掘进工作面相变气爆致裂增透实验方案设计

在 15203 煤巷掘进工作面实施液态二氧化碳相变气爆致裂增透实验，以提高掘进前方煤体透气性，缩短掘进工作面预抽时间，从而实现以液态二氧化碳相变爆破引导的煤巷快速掘进技术。煤巷掘进工作面气爆增透实验钻孔布置平剖面示意图如图 6-44 和图 6-45 所示。

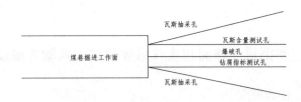

图 6-44　煤巷掘进工作面气爆增透实验钻孔布置平面示意图

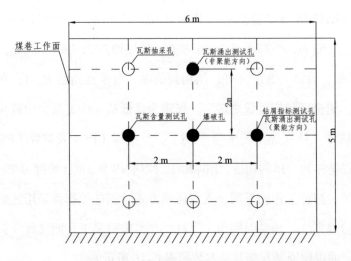

图 6-45　煤巷掘进工作面气爆增透实验钻孔布置剖面示意图

　　本次煤巷掘进工作面相变气爆致裂增透实验在 15203 顺槽掘进工作面共施工 9 个顺层煤层钻孔，其中用于泄爆排放瓦斯的钻孔 6 个，掘进工作面正中心为爆破钻孔，爆破钻孔两侧布置瓦斯含量测试孔和煤钻屑指标测试钻孔（同时用于测试聚能方向钻孔瓦斯涌出特征系数），爆破钻孔垂直上部为非聚能方向钻孔瓦斯涌出特征系数，4 个测试钻孔均布置在爆破钻孔距离 2 m 的位置。

　　本次煤巷掘进工作面相变气爆致裂增透实验主要有三个研究内容：一是煤巷掘进工作面采取爆破前后瓦斯含量随预抽时间变化的关系；二是煤巷掘进工作面采取爆破前后煤钻屑解析指标随预抽时间变化的关系；三是煤巷掘进工作面气爆聚能方向与非聚能方向对控制钻孔自然瓦斯涌出特征系数的影响。煤巷掘进工作面相变气爆致裂增透测试钻孔施工参数如表 6-17 所示。通过对比实验研究得出爆破对瓦斯含量关系曲线如图 6-51 所示，爆破对煤钻屑解析指标关系曲线如图 6-49 所示，爆破聚能对控制钻孔自然瓦斯涌出特征关系曲线如图 6-50 至图 6-52 所示。

表 6-17　测试钻孔施工参数表

钻孔名称	开孔高度 /m	孔径 /mm	钻孔深度 /m	方位角 /°
爆破孔	3.5	94	50	垂直煤壁
瓦斯含量测试钻孔	3.5	94	50	垂直煤壁
瓦斯涌出测试孔 （非聚能方向）	5.5	94	50	垂直煤壁
钻屑指标测试孔 （聚能方向瓦斯涌出测试孔）	3.5	94	50	垂直煤壁

6.6.2　煤巷掘进工作面相变气爆致裂增透效果考察

　　本次煤层巷道掘进工作面液态二氧化碳相变气爆致裂增透实验，爆破深度为 50 m，由于新暴露掘进工作面没有预排瓦斯带的问题，所以封孔深度为 7 m。气爆增透实验完成后，连接抽采钻孔进行预抽。在气爆后每天分别对测试钻孔开展相应参数进行测试，瓦斯含量 W_h 与煤钻屑解析指标 Δh_2。瓦斯含量测定采用沈阳研究院的 SYQY-73 型定点快速取样设备，煤钻屑解析指标测定采用沈阳研究院的 MD-2 型煤钻屑瓦斯解析仪，如图6-46 所示。煤巷掘进工作面爆破前后现场图如图 6-47 所示。

图 6-46　MD-2 型煤钻屑瓦斯解吸仪

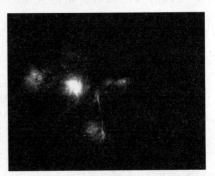

（a）爆破前　　　　　　　　　　（b）爆破后

图 6-47　煤巷掘进工作面爆破前后现场图

　　由图 6-48 所示的煤巷掘进工作面是否采取气爆致裂增透瓦斯含量随预抽时间的变化图可以看出：由于负压预抽的影响将逐渐降低煤巷掘进方向煤体内的瓦斯含量，未采取气爆致裂增透时，原煤瓦斯含量降低至 5 m³/t 以下需要预抽 1 个月时间；采取气爆致裂增透时，在预抽作用下原煤瓦斯含量降低速度明显加快，图中可看到预抽 15 d 左右时瓦斯含量降低至 5 m³/t 以下，由此可以判定气爆致裂增透可以增加煤体透气性，提高本煤层瓦斯预抽效果，从而实现低渗透高瓦斯煤层巷道快速掘进的目标。

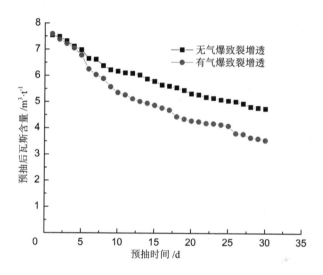

图 6-48　煤巷掘进工作面未爆破与爆破后瓦斯含量随预抽时间变化图

煤钻屑解析指标 Δh_2 是用于判断掘进工作面前方有无瓦斯异常涌出可能性的重要评判指标，该检测指标被广泛用于高瓦斯及突出矿井采掘工作面。利用定点采集到的煤钻屑残余的瓦斯含量（瓦斯压力）向密闭空间内释放，用密闭空间的体积来表征解析出来的瓦斯量。从图 6-49 中可以看出：气爆致裂增透对煤钻屑解析指标影响较大，气爆后随预抽时间变化下降速度较快，在 16 d 左右便降低至安全指标 200 Pa 以下。

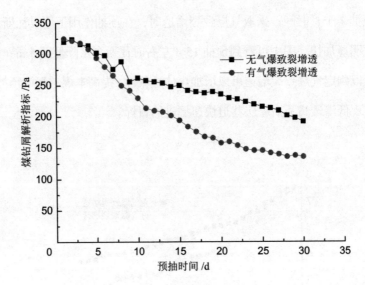

图 6-49　煤巷掘进工作面未爆破与爆破后煤钻屑解析指标随预抽时间变化图

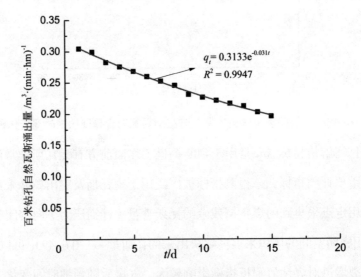

图 6-50　煤巷掘进工作面气爆聚能方向控制钻孔瓦斯涌出衰减曲线

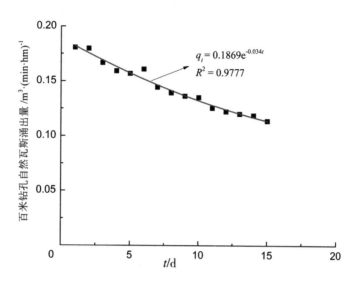

图 6-51　煤巷掘进工作面气爆非聚能方向控制钻孔瓦斯涌出衰减曲线

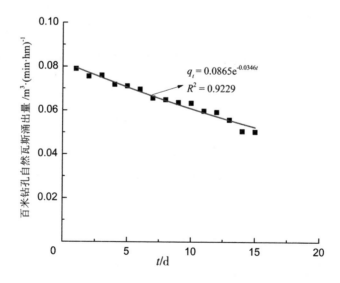

图 6-52　煤巷掘进工作面原始煤体钻孔瓦斯涌出衰减曲线

由图 6-50 至图 6-52 不同条件下煤巷掘进工作面煤层钻孔瓦斯涌出衰减曲线可以看出,煤层钻孔气爆致裂增透聚能方向、非聚能方向和原始煤体测试钻孔百米钻孔初始瓦斯涌出量分别为 0.3133 m³/（min·hm），0.1869 m³/（min·hm）和 0.085 m³/（min·hm），自然瓦斯涌出衰减系数分别为 0.031/d，0.034/d 和 0.035/d。

由实测结果可以得出：沿二氧化碳致裂器聚能方向和非聚能方向百米钻孔初始瓦斯涌出量相差 1.7 倍，气爆致裂增透聚能效果明显；煤层钻孔气爆致裂增透聚能方向和非聚能方向是不采取增透措施原始煤体百米钻孔初始瓦斯涌出量的 3.7 倍和 2.2 倍，气爆相变致裂增透效果明显，而自然瓦斯涌出衰减系数变化极小，这是由煤体自身的解吸速度决定的。

6.7　回采工作面不同增透技术的对比实验研究

6.7.1　回采工作面不同增透技术对比实验方案设计

国内低渗透高瓦斯煤层普遍采用的井下增加开采煤层透气性的方法有采动卸压增透、水力增透和深孔控制爆破增透等技术。采动卸压增透技术易受邻近煤层赋存特征影响，并不适用于大多数矿井，为了考察研究单一低渗透高瓦斯煤层不同增透技术的适应性，在实验煤层 15108 回采工作面开展回采工作面不同增透技术的对比实验研究，在同一煤层同一回采工作面开采对比实验具有较高的可信度。

1）实验工作面概况

回采工作面不同增透技术的增透实验在 15 号煤层 15108 回采工作面回风顺槽实施，工作面煤层上距 K_2 灰岩 18 m 左右，上距 9 号煤层间距为 47.24 ~ 71.63 m，平均间距为 56.39 m；煤层平均厚度为 5.0 m；煤层倾角为 10° ~ 14°。含 0 ~ 3 层夹矸，为泥岩及炭质泥岩，可采性指数

$K_m=1$，顶板岩性为泥岩、砂质泥岩、中细砂岩等，底板为泥岩或砂质泥岩。对比实验前实测的 15108 实验回采工作面瓦斯基础参数如表 6-18 所示。

表 6-18　15108 实验回采工作面煤层原始瓦斯基础参数表

瓦斯参数名称	瓦斯含量/（m³/t）	百米钻孔初始瓦斯涌出量/[m³/(min.hm)]	自然瓦斯涌出衰减系数 /d⁻¹	瓦斯压力 /MPa	煤层透气性系数/[m²/（MPa·d）]	本煤层预抽时间 /mon
实测数值	7.78	0.0865	0.035	0.57	1.32	6

2）回采工作面不同增透技术对比实验方案设计

15108 实验回采工作面煤层赋存稳定，具备进行增透技术的相关性实验条件。实验工作面划分为 6 个互不影响的试验区块，Ⅰ、Ⅱ和Ⅲ区块用于深孔聚能爆破增透实验，Ⅳ和Ⅴ区块用于水力压裂增透实验，Ⅳ区块用于液态二氧化碳相变气爆致裂增透实验。

本次对比实验利用回风顺槽高负压瓦斯抽采管路，对比不同增透工艺条件下，实时监测瓦斯抽采管路内瓦斯抽采参数的变化规律，对比实验工作面区块划分见图 6-53 所示。

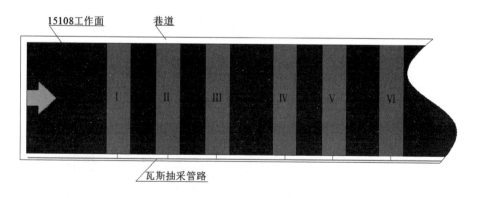

图 6-53　实验工作面区块划分

（1）深孔聚能爆破增透实验方案：在 15108 实验工作面划分的实验

区块Ⅰ，Ⅱ和Ⅲ进行深孔聚能爆破试验，3个区块分别布置不同装药参数的爆破钻孔，控制抽采孔参数相同，钻孔均垂直煤壁沿煤层倾向布置，装药参数如表6-19所示，钻孔布置示意图如图6-54所示。

表6-19 深孔聚能爆破径向不耦合装药钻孔参数

试验区块	孔径 /mm	孔深 /mm	倾角 /°	装药长度 /mm	封孔长度 /mm
Ⅰ	94	50	+3	50	16
Ⅱ	94	50	+4	36	16
Ⅲ	94	50	+3	30	16

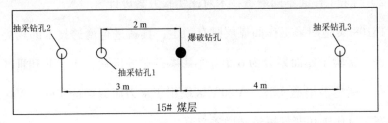

图6-54 工作面实验区块内深孔聚能爆破钻孔和控制抽采钻孔布置示意图

药卷选用煤矿井下允许使用的三级煤矿乳化炸药，药卷外壳为PVC抗静电管，在此次实验对送药工艺和药卷形状优化为特制的聚能药卷，能够实现煤层走向为聚能流侵彻方向，位于顶部第一根的PVC管安设导向轴方便装药，单根PVC聚能管内的炸药采用并联连接的方式，相邻PVC管则采用串联的方式连接，在最尾部加尾塞，采用正向引爆的起爆方式。深孔聚能爆破装药结构如图6-55所示，

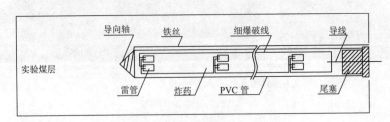

图6-55 深孔聚能爆破装药结构图

　　高效封孔是深孔聚能爆破增透工艺的技术难题，封孔质量直接影响爆破的安全性和增透效果。本次实验采用三段式封孔结构的联合封孔技术，爆破孔口向里延伸 3 m 的位置为第一段，封堵材料选用黏性黄泥并夯实；爆破封孔段 3 ~ 8 m 的位置为第二段，该段采用内部装填黄沙的 PVC 管填塞爆破孔，并在 PVC 管外侧固定位置处缠绕具有膨胀能力的聚氨酯，聚氨酯膨胀后强烈挤压砂管，从而起到固定砂管的作用；爆破封孔段 8 m 处向钻孔内部延伸为第三段，该段根据爆破深度不同选择不同填充长度，填充材料选用筛分的粉状黄沙。深孔聚能爆破封孔结构如图 6-56 所示。

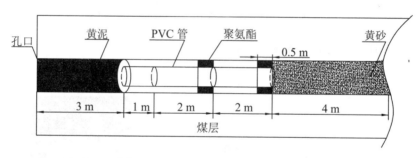

图 6-56　深孔聚能爆破封孔结构图

　　（2）水力压裂增透实验方案：在 15108 实验工作面内的Ⅳ和Ⅴ区块进行 2 组不同参数条件下的煤层水力压裂试验，煤层水力压裂钻孔参数如表 6-20 所示，钻孔布置如图 6-57 所示。

表 6-20　煤层水力压裂钻孔参数

试验区块	孔径/mm	孔深/mm	倾角/°	封孔长度/mm	封孔耐压情况	水量/m³	压力/MPa	压裂时间/min	结束条件
Ⅳ	89	40	+5	16	完好	17	15	120	压力达到 15 MPa 后稳定不再上升
Ⅴ	89	40	+5	16	完好	14.6	20	70	压力达到 20 MPa 后稳定不再上升

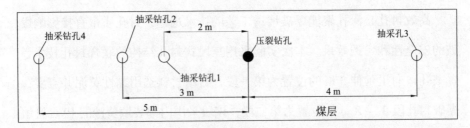

图 6-57　煤层水力压裂钻孔与抽采钻孔布置图

　　煤层水力压裂系统由压裂泵、压裂液、混液箱和注浆管等设备组成，压裂泵选用型号为 YL400/315 型柱塞压裂泵，额定输出压力为 50 MPa，最大供液量为 1.2 m³/min。在注入管路上设置高压抗震压力表、高精度流量计和液压先导式溢流阀等监测装置，能够实时观察压裂过程中参数的变化。煤层水力压裂装置如图 6-58 所示。

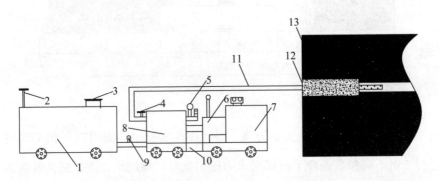

图 6-58　煤层水力压裂装置示意图

1—混液箱；2—供水管；3—添加剂；4—卸载阀；5—压力表；6—变速箱；7—电机；8—压裂泵；9—流量计；10—连接件；11—注压裂液管；12—承压封堵段；13—目标煤体。

　　在煤层水力压裂过程中，压裂孔一直处于高承压状态，压裂孔的封堵效果是控制煤层水力压裂的关键环节。为了提高本次水力增透的压裂孔封堵质量，本次试验在封堵段设计和封堵材料上进行了优化。

　　为了提高承压状态下封堵段的抗压强度，在已施工的孔径 89 mm 的煤层压裂孔基础上实施二次扩孔，扩孔后封堵段钻孔的直径为 153 mm。在压裂钻孔封堵段设置注水泥浆管、注压裂液管和返水泥浆管，封堵段和压裂段交汇处设置锥形塞用于防止水泥浆进入压裂段。在封堵段孔口处 1 m 段内用聚氨酯封孔并固结 30 min，再通过注水泥浆管向封堵段注入膨胀率大于 10%、抗压强度大于 20 MPa 的新型密封材料，直至返浆管出浆为止并在自然条件下固结 48 h。

在完成水力压裂钻孔封孔工艺后，连接加压设备向压裂钻孔内按照表 6-20 所示参数进行水力压裂。

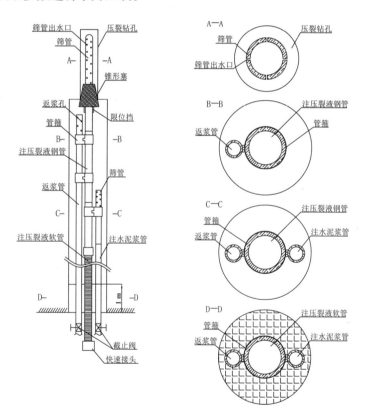

图 6-59　高承压煤层钻孔混合水泥浆封堵结构

（3）液态二氧化碳相变气爆增透实验方案。将 15108 实验工作面的 Ⅵ区块用于液态二氧化碳相变气爆致裂增透实验，二氧化碳致裂器型号为 MZL300–63/1000，泄爆阀片选用 200 MPa，加注二氧化碳的充装压力为 10 ~ 15 MPa，气爆钻孔参数见表 6–21 所示，钻孔布置见图 6–60 所示。

表 6–21 液态二氧化碳相变气爆致裂增透钻孔参数

试验区块	孔径 /mm	孔深 /mm	倾角 /°	装药长度 /mm	封孔长度 /mm
Ⅵ	94	50	+3	50	16

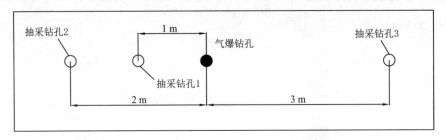

图 6–60 液态二氧化碳相变气爆致裂增透钻孔与抽采钻孔布置图

6.7.2 回采工作面不同增透技术增透效果考察

1）深孔聚能爆破增透实验结果分析

安徽理工大学的刘泽功和蔡峰等人提出径向不耦合装药系数对本煤层使用深孔聚能爆破增透效果的影响，其表达式为（蔡峰等，2009，2014）

$$\xi = \frac{d_b}{d_e} \qquad (6-9)$$

式中：d_b——深孔聚能爆破煤层钻孔的深度，m；

d_e——爆破药卷的长度，m。

本次增透对比实验深孔聚能爆破径向不耦合装药系数为 $\xi_1=1.0$，$\xi_2=1.5$ 和 $\xi_3=2.0$，现场对高负压作用下单孔瓦斯抽采体积分数进行连续性监测，深孔控制爆破监测结果如图 6-61 所示。

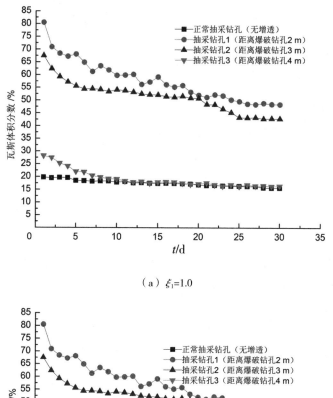

（a）$\xi_1=1.0$

（b）$\xi_2=1.5$

图 6-61　不同径向不耦合装药条件下瓦斯抽采体积分数随抽采时间变化图

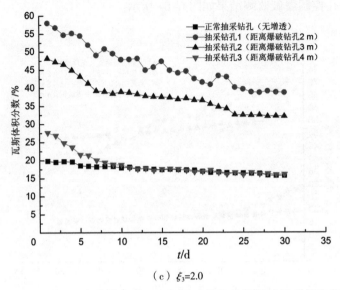

（c）ξ_3=2.0

图 6-61　不同径向不耦合装药条件下瓦斯抽采体积分数随抽采时间变化图（续图）

由图 6-61 所示的不同径向不耦合装药条件下瓦斯抽采体积分数随抽采时间变化图可以看出：三种径向不耦合装药系数均能致裂实验煤层 3 m，但距离爆破钻孔 4 m 的抽采钻孔在短暂提高抽采瓦斯体积分数 5 d 后便衰减至无增透的正常钻孔的抽采瓦斯体积分数，分析其原因是爆轰应力波逐渐衰减，产生的裂隙在地应力作用下又重新闭合。

从图 6-61（a）（b）和（c）对比分析可看出：在距离爆破钻孔 3 m 的抽采钻孔不耦合装药系数 ξ_1=1.0，ξ_2=1.5 和 ξ_3=2.0 瓦斯体积分数分别稳定在 43%，54% 和 32% 左右，对比正常抽采钻孔瓦斯体积分数分别提高至 2.7 倍、3.4 倍和 2.0 倍。通过对比实验可以确定深孔聚能爆破径向不耦合装药系数 ξ_2=1.5 时，本煤层爆破增透效果最优。

2）水力压裂增透实验结果分析

在Ⅳ和Ⅴ试验区块内开展煤层水力压裂试验，Ⅳ试验区块注入压裂液压力为 15 MPa，压裂持续时间为 120 min；V 试验区块注入压裂液压力为 20 MPa，压裂持续时间为 70 min。

由图 6-62 显示的 IV 试验区块与 V 试验区块试验内煤层透气性系数增透后结果可看出，前者改变目标煤层透气性系数初始值小于后者，但稳定后透气性系数前者却大于后者。煤层水力压裂后透气性系数随抽采时间逐渐衰减，分析其原因是煤体裂隙部分闭合导致透气性系数降低，稳定后的煤层透气性系数比原始煤层透气性系数提高 6 倍。

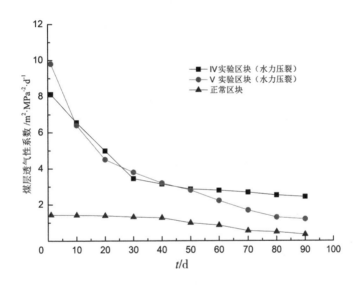

图 6-62　不同水力压裂条件下改变煤层透气性系数拟合对比图

3）回采工作面不同增透技术的增透效果分析

本次在 15108 实验工作面开展针对低渗透高瓦斯煤层提高煤层渗透性减少预抽时间的增透实验，采用目前应用较广的三种增透技术，通过在同一个工作面内划分互不影响的实验区块，分别在实验工作面开展深孔聚能爆破、水力压裂和液态二氧化碳相变气爆三种增透方式。

在完成煤层钻孔增透后，将增透孔两侧布置的抽采钻孔接入顺槽的高负压抽采管路，通过单孔管道多参数测定仪连续监测瓦斯抽采参数变化。深孔聚能爆破增透最优化条件 $\xi_2=1.5$ 时抽采钻孔瓦斯抽采衰减曲线如图6-63所示，水力压裂增透的抽采钻孔瓦斯抽采衰减曲线如图6-64所示，液态二氧化碳相变气爆致裂增透的抽采钻孔瓦斯抽采衰减曲线如图6-65所示。

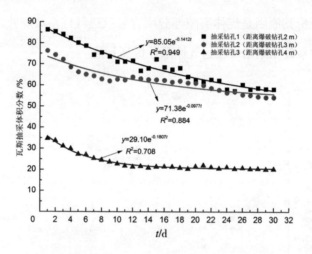

图6-63　深孔聚能爆破增透最优化 $\xi=1.5$ 时抽采钻孔瓦斯衰减拟合曲线

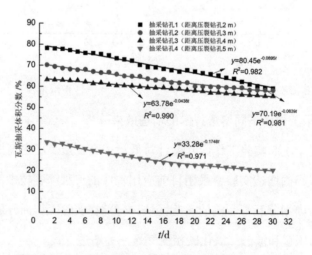

图6-64　水力压裂增透抽采钻孔瓦斯衰减拟合曲线

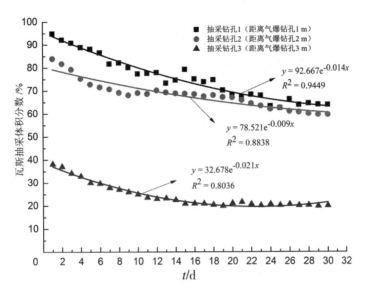

图 6-65　液态二氧化碳相变气爆致裂增透抽采钻孔瓦斯衰减拟合曲线

由图 6-63 可以看出，深孔聚能爆破有效增透范围为 3 m，距离爆破孔 2 m 的抽采孔内瓦斯体积分数的最大值为 86%，稳定值为 58%，衰减系数为 0.1412/d；距离爆破孔 3 m 的抽采孔内瓦斯体积分数的最大值为 76%，稳定值为 54%，衰减系数为 0.0977/d。

由图 6-64 可以看出，水力压裂有效增透范围为 4 m，距离压裂孔 2 m 的抽采孔内瓦斯体积分数的最大值为 78%，稳定值为 59%，衰减系数为 0.0895/d；距离压裂孔 3 m 的抽采孔内瓦斯体积分数的最大值为 70%，稳定值为 58%，衰减系数为 0.0639/d；距离压裂孔 4 m 的抽采孔内瓦斯体积分数的最大值为 63%，稳定值为 55%，衰减系数为 0.0438/d。

由图 6-65 可以看出，液态二氧化碳相变气爆有效增透范围为 2 m，距离爆破孔 1 m 的抽采孔内瓦斯体积分数的最大值为 94%，稳定值为 65%，衰减系数为 0.0140/d；距离爆破孔 2 m 的抽采孔内瓦斯体积分数的最大值为 83%，稳定值为 60%，衰减系数为 0.0090/d。

三组不同增透技术的对比实验可以得出：增透措施对煤体影响范围为水力压裂＞深孔聚能爆破＞液态二氧化碳相变气爆；抽采钻孔最大瓦斯体积分数为液态二氧化碳相变气爆＞深孔聚能爆破＞水力压裂；抽采钻孔内瓦斯衰减系数为液态二氧化碳相变气爆＜水力压裂＜深孔聚能爆破。

4）回采工作面不同增透技术的适用性分析

深部低渗透高瓦斯煤层在选择提高开采煤层渗透性的增透技术时，应结合矿井采掘接续情况和开采煤层赋存特征，运用最经济合理的增透技术。本书提出在同一回采工作面开展不同增透技术的对比实验研究，并得出了相应增透技术的增透效果和适用性参数。在实验工作面开展实验过程中，统计了不同增透技术的效益（完成一组百米增透措施孔所需费用）、效率（完成一组百米增透措施孔所需时间）、效果（增透半径）和安全性（增透过程中的安全性），四个方面数据分析结果如表 6-22 所示。

表 6-22　不同增透技术的适用性分析表

增透技术	效益 /RMB	效率 /h	效果 /m	安全
深孔聚能爆破	2500	24	3	低
水力压裂	5000	48	4	中
液态二氧化碳气爆	3000	8	2	高

深孔聚能爆破时存在拒爆的可能性，人工回收或采煤过程中易造成人员伤害，同时爆破过程中有明火会存在瓦斯燃爆或煤燃烧的风险；深孔聚能爆破使用的炸药和 PVC 管为一次消耗品且价格贵。

煤矿井下顺层水力压裂钻孔封孔及相关工序准备时间较长，水力压裂相关工序较复杂且单孔成本较高。

液态二氧化碳相变气爆主要消耗品为化工厂废弃二氧化碳、加热体和泄爆阀片，致裂器在使用后取出爆破钻可持续用于后续爆破钻孔，主要成本在于前期购置致裂器的费用。由于液态二氧化碳相变气爆为本质安全技术，不会存在安全性问题。该技术高效性体现在完成本煤层爆破钻孔后便可向目标钻孔内放置致裂器，完成气爆后便可操作取出，整个爆破流程可在一个工作小班 8 小时内完成。

综合上述分析，煤矿在工程实践过程中可以结合本矿实际情况选择最优的增透技术。

6.8　液态二氧化碳相变致裂在其他领域应用

6.8.1　液态二氧化碳相变致裂大块煤（岩）

常规作业中，遇到刮板输送机的大块岩石影响正常生产时，通常是采取在岩石上打眼放炮的方式破碎岩石，这种工艺需要耗费打眼和放炮两个工序的时间，而且炸药爆破本身就存在一定的安全隐患。

2015 年 2 月 25 日国家安全监管总局、国家煤矿安全局印发的《煤矿井下爆破作业安全管理九条规定》中规定："八、必须按规定处理大块煤（矸）和煤仓（眼）堵塞，严禁采用炸药爆破方式处理。"

而采取液态二氧化碳相变致裂的方式，致裂效果好，而且液态二氧化碳致裂器爆破过程中快速释放的二氧化碳气体具有降温作用，气态二氧化碳又是惰性气体，完全可以避免因放炮产生明火而引起瓦斯事故（瓦斯爆炸或瓦斯燃烧）。

采用液态二氧化碳致裂器处理的阜新海州露天矿砂岩，大块砂岩被致裂器切割后形成了较规则的小块岩体。如图 6-66 所示。

图 6-66　阜新海州露天矿利用液态二氧化碳致裂器处理砂岩

6.8.2　液态二氧化碳相变致裂处理回采工作面夹矸、断层

由于地质构造原因，回采工作面经常会遇到夹矸或者断层，严重影响生产进度，如果采用滚筒直接割，磨损太大，成本也会很高，采用炸药处理破坏性大，危险高。采用液态二氧化碳相变致裂器处理成本低，进度快，效果显著。

国家能源集团神东黄玉川煤矿 216 上 01 综放工作面切眼靠近回风顺槽一侧底部存在面积约为 40 m×30 m×1.8 m 的夹矸，在回采过程中由于此夹矸硬度高，割煤机截尺损坏比较严重，给矿井回采带来很大的困难。为了解决此问题，黄玉川煤矿利用液态二氧化碳相变致裂成套技术装备解决夹矸问题。利用液态二氧化碳致裂器处理夹矸速度快，成本低，操作简便。

如图 6-67 所示。

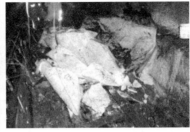

图 6-67　黄玉川煤矿液态二氧化碳相变致裂夹矸前后对比图

6.8.3　液态二氧化碳相变致裂处理巷道底鼓及刷帮

处理巷道变形是煤矿巷道修复常见的工作，部分煤矿由于底板是坚硬的砂岩，当出现底鼓时，修复起来十分烦琐，尤其是当巷道里敷设有轨道、两帮吊挂有线缆和管道时，这时就不能使用炸药处理。

淮河能源集团顾桥煤矿、长春兴煤矿等采用液态二氧化碳相变致裂处理底鼓及岩石巷道刷帮具有定向爆破、煤岩不飞溅、修复效果好的优点，如图 6-68 所示。

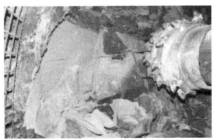

图 6-68　长春兴煤矿液态二氧化碳相变致裂岩石巷道前后对比图

6.9　本章小结

本章通过研制液态二氧化碳相变气爆致裂增透配套装备及工业并开展煤矿井下实验研究，取得了以下主要研究成果。

（1）可控多点可控液态二氧化碳相变致裂增透装备研究。系统阐述了液态二氧化碳致裂增透技术原理、工作原理及特征，将液态二氧化碳相变致裂增透配套装备分解为五大系统：加注系统、置取系统、致裂系统、止飞系统和检测及启动系统，对系统内部件分别进行研制。

（2）液态二氧化碳相变致裂增透检验技术研究。提出了回采工作面巷道预排瓦斯带测定方法，用以解决液态二氧化碳相变气爆致裂增透措施孔和抽采钻孔封孔深度的问题，同时还提出了液态二氧化碳相变致裂增透范围的测定方法，用以解决煤层气爆增透时爆破钻孔与抽采钻孔布置间距的问题。

（3）实验煤层瓦斯基础参数测试与特征研究。在实施增透实验前，对实验煤层开展了瓦斯基础参数测试，包括原煤瓦斯含量、煤层钻孔自然瓦斯涌出特征系数、煤层透气性系数、煤层巷道预排瓦斯带宽度和煤层瓦斯抽采半径等。

（4）回采工作面液态二氧化碳相变致裂增透实验。基于示踪气体法实测得出了液态二氧化碳相变气爆致裂煤层的增透半径为 2 m，实验还得出煤层气爆使得距离爆破钻孔 1 m 的测试钻孔提高了钻孔瓦斯涌出量 8 倍，瓦斯涌出衰减系数降低 0.76 倍；距离爆破钻孔 2 m 的测试钻孔提高了钻孔瓦斯涌出量 4 倍，瓦斯涌出衰减系数降低 0.93 倍；距离爆破钻孔 3 m 的测试钻孔提高了钻孔瓦斯涌出量 1.1 倍，而瓦斯涌出衰减系数无变化。

（5）煤巷掘进工作面液态二氧化碳相变致裂增透实验。煤巷掘进工作面实验研究得出采取液态二氧化碳相变气爆致裂增透后，在负压抽采作用下原煤瓦斯含量降低速度明显加快，以瓦斯含量 5 m^3/t 作为判定预抽有效的临界线时，气爆增透使得预抽时间由原来的 30 d 缩减到了 15 d。以煤钻屑解析指标 200 Pa 作为允许掘进的安全指标时，气爆增透使得预抽时间由原来的 30 d 缩减到了 16 d 。通过对比实验还得出沿二氧化碳致裂器聚能方向和非聚能方向百米钻孔初始瓦斯涌出量相差 1.7 倍。

（6）回采工作面不同增透技术的对比实验。通过回采工作面三组不同增透技术的对比实验可以得出：增透措施对煤体影响范围为水力压裂＞深孔聚能爆破＞液态二氧化碳相变气爆；抽采钻孔最大瓦斯体积分数为液态二氧化碳相变气爆＞深孔聚能爆破＞水力压裂；抽采钻孔内瓦斯衰减系数为液态二氧化碳相变气爆＜水力压裂＜深孔聚能爆破。同时对比实验还对不同增透技术在现场实施过程中的效益、效率、效果和安全性指标进行了量化。

（7）液态二氧化碳相变致裂技术及装备在其他领域，诸如采石场大块石材的定向切割、矸石及岩石巷道的处理领域应用前景广阔。

第 7 章　液态二氧化碳相变
致裂工艺及安全技术措施

7.1　液态二氧化碳致裂器管理

1）致裂器正常使用的工作环境条件

（1）外界环境温度：0 ~ +40 ℃。

（2）外界环境压力：80 kPa ~ 106 kPa。

（3）空气相对湿度：≤＋95%（＋25 ℃时）。

（4）爆破钻孔环境：瓦斯和煤尘混合物共存。

2）致裂器加注二氧化碳及装配条件及要求

（1）致裂器加注与装配可在地面专用车间或井下专用硐室进行；

（2）加注及装配过程始终远离热源和火源；

（3）环境温度：0 ~ +40 ℃；

（4）加注、装配和放置环境应保持干燥；

（5）装配致裂器前应对致裂器的导通性进行测试；

（6）加注二氧化碳的加注压力及加注量应满足不同致裂器型号的要求；

（7）加注及装配完成的致裂器分区域存放并设置标识牌；

3）致裂器运输要求

（1）致裂器应采用专用运输车辆，运输过程中避免强烈碰撞及破坏泄爆阀头。

（2）井下运输及存放应远离热源和电源，防止粉尘及淋水。

4）致裂器使用操作要求

（1）致裂器操作人员须经过爆破专业培训并取得特殊工种资格证；

（2）井下致裂作业环境必须符合《煤矿安全规程》第331条规定，严禁在巷道内瓦斯超限、配风量不足、巷道破坏严重及致裂钻孔异常条件下进行致裂增透作业；

（3）在使用矿用起爆器操作时应遵守《煤矿安全规程》第334条～339条的相关规定。

5）致裂器拒爆的处理要求

（1）致裂器确定拒爆后的处理应参照《煤矿安全规程》第341～第342条规定，拒爆致裂器不可再使用，应就地或运输至安全区域释放二氧化碳。

（2）致裂器启动后拒爆须等待10 min，并确定在巷道瓦斯不超限情况下进入爆破地点处理致裂器。

7.2　致裂工艺流程

7.2.1　加注阶段

（1）加注前要准备齐全所需仪器及工具，并使用欧姆表测定泄爆阀体和加热体连接后的电阻值，当采用 2Ω 的加热体连接泄爆阀体后测定电阻值为 2Ω 左右，9Ω 的加热体连接泄爆阀体后测定电阻值为 9Ω 左右。

（2）设备准备齐全后，将二氧化碳钢瓶与操作台连接，压风与加注泵连接。致裂器内放置垫片和加热体，随后安装泄爆阀片和泄爆阀头。致裂器安装完成后使用欧姆表测试单根致裂器的电阻值，确定其导通性。

本流程需要的材料：手钳子、活口板子、生料带、龙门钳、管钳、φ26 长 1 m 钢筋棍、操作台、爆破筒、泄爆头、连接器、阀体、药卷、剪切片、紫铜圈、空压机或压风（0.6 ~ 1 MPa）、12 mm 的压风管、U 形卡。

（3）启动压风系统及操作台，连接注气系统与致裂器，打开注气系统的加压泵开关向致裂器内注入二氧化碳，随着加注加压泵显示压力增大，当加注压力表显示压力达到 15 MPa 时可以停止加注，先关闭致裂器加注阀后关闭加压系统。加注完成后使用欧姆表测试单根致裂器的电阻值。

本流程需要的材料：四氟垫、装有水的水桶、阀芯阀堵专用扳手、管钳、钢筋棍、龙门钳。

7.2.2　起爆阶段

（1）将加注完成的液态二氧化碳致裂器依次连接送入待致裂的煤层钻孔。

本流程需要的材料：胶带、绝缘胶带、炮线、起爆器、致裂器、手钳、欧姆表、变径、管钳。

（2）单根致裂器向致裂钻孔送至过程中应实时测定电阻值以判断致裂系统的导通性，完成致裂器放置后在最后一根致裂器尾部引出炮线与起爆器连接，根据不同止飞工艺对致裂钻孔末端进行封孔，可采用囊袋水压式、机械式或聚氨酯膨胀式封孔技术；完成封孔后撤人进行远距离启动爆破。

本流程需要的材料：胶带、绝缘胶带、炮线、起爆器、致裂器、手钳、欧姆表、变径、管钳。

7.2.3　取致裂器阶段

（1）爆破启动后，检查爆破巷道内的瓦斯浓度，确定瓦斯浓度降为安全浓度以下方可实施取致裂器。

（2）采用钻机或人工取致裂器时，须检查并记录致裂器起爆和拒爆情况，并区分归类放置，拒爆处理方法按规定执行。爆破完成的致裂器运输至地面后须及时清理及处理。

本流程需要的材料：胶带、绝缘胶带、炮线、起爆器、致裂器、手钳、欧姆表、变径、龙门钳、钢筋棍。

7.3　致裂安全技术措施

（1）爆破前，须在爆破区域安排专人负责警戒工作，在通往爆破巷道明显位置设置爆破警示牌。

（2）爆破时撤人范围：距离爆破地点进风巷道 50 m 以外，回风巷道不允许人员活动，放炮警戒距离不小于 200 m。

（3）液态二氧化碳应严格检查和挑选，确保质量，不得使用压力或纯度不高的液态二氧化碳。

（4）在致裂爆破前应检查用于引爆的总线爆破控制器的完好性。应检查致裂爆破管内装填液态二氧化碳的情况，以及泄爆阀片和加热体的安装是否准确到位。

（5）严格执行"一炮三检"和"三人连锁"放炮制，只有工作面及20 m 范围内瓦斯浓度小于 1.0% 时，才能放炮。

（6）连线时，要使接线清洁，必须由爆破组长检查确认无误后方可与总线爆破控制器连接，并将接头处用绝缘胶布包好。

（7）爆破期间，井上下电话必须保持畅通。

（8）爆破前必须检查爆破地点周围巷道情况，清空附近设备和设施，对风水管路、瓦斯管及电缆做相应遮挡保护，断电闭锁。

第8章 结论及研究展望

8.1 结论

本书采用理论分析、实验研究、数值模拟和现场工业对比实验相结合的研究方法，针对困扰我国煤炭工业安全高效发展的难题——如何提高深部低渗透高瓦斯煤层透气性的科学问题，提出了液态二氧化碳相变致裂增透技术。本书系统深入研究了液态二氧化碳相变致裂致裂增透机理，构建实验平台研究致裂压力演变规律，数值模拟相变致裂与致裂增透两个过程，自主研制增透及检测检验配套装备并实施了大量井下工业对比实验，得出以下结论。

（1）理论分析了液态二氧化碳相变致裂增透机理，解释了相变致裂阶段致裂器储气腔二氧化碳沸腾膨胀蒸气爆炸的演化过程，为开展相变致裂数值模拟提供理论依据。分析了致裂增透阶段液态二氧化碳相变致裂在含瓦斯煤体中的作用机制，探讨了致裂促使煤体裂隙区形成过程、分区特征、起裂条件和裂隙发育规律；理论推导建立了液态二氧化碳相变致裂煤体的裂隙圈有效半径的计算公式。

（2）基于自主设计搭建的物理实验平台，实验研究了液态二氧化碳点式聚能爆破压力随时间、位置变化的演化规律，实验得出正对爆破口处压力峰值为 244 MPa，升压时间约 1.2 ms，线性上升段和对数下降段压力时程拟合函数分别为 $P_g = 201\,940\,t$ 和 $P_g = -22.59\ln\,(t-t_0)+15.84$；距离爆破口 300 mm 处气体压力峰值为 60 MPa，气体压力上升时间为 15.13 ms，线性上升段和对数下降段压力时程拟合函数分别为 $P_g = 3\,793.10\,t$ 和 $P_g = -9.58\ln\,(t-t_0)+12.71$；距离爆破口 600 mm 处气体压力峰值为 22.42 MPa，上升时间为 15.42 ms，线性上升段和对数下降段压力时程拟合函数分别为 $P_g = 1\,453.80\,t$ 和 $P_g = -3.31\ln\,(t-t_0)+4.36$；距离爆破口 900 mm 处气体压力峰值为 21.37 MPa，上升时间为 15.60 ms，线性上升段和对数下降段压力时程拟合函数分别为 $P_g = 1\,369.90\,t$ 和 $P_g = -2.68\ln\,(t-t_0)$ $+4.01$。随着距爆破口距离的增加，气体压力峰值先是快速降低，之后再缓慢平稳降低，总体呈现二次抛物线形式。爆破口处气体压力升压特别迅速，随距爆破口距离的增加，升压时间先是快速增大，之后缓慢增加直至最终基本相同，整体呈现幂函数形式。

（3）基于建立的液态二氧化碳致裂器储气腔内沸腾膨胀泄爆过程的物理模型和数学模型，对储气腔内相变致裂演化过程进行了数值模拟研究，计算分析了压力场、温度场、流场和气液比率的演变规律，研究了储气腔内压力与相变沸腾耦合作用的流体动力学机理，阐述了储气腔泄爆过程两相流动的特征。通过对比实测的泄爆口压力变化数据得出数值模拟结果与实测压力变化趋势具有一致性，从而验证了相变致裂数值模拟的准确性。

（4）数值模拟研究了不同影响因素下低渗透高瓦斯煤层液态二氧化

碳相变致裂增透效果，计算分析得出了致裂影响半径 R 与预裂缝长度 L 的关系曲线：$R=3.26L+0.446$，相关系数近似为 1.0，可以确定当预裂缝长度的增加时，致裂影响范围将随之线性增大。计算分析结果表明不同地应力条件下致裂影响范围大都呈椭圆形分布，但随地应力的增大，致裂影响范围随之降低，且地应力增幅越大，致裂影响范围降幅越明显，致裂影响范围随地应力 σ 的增加而呈现非线性的指数函数形式减小，两者定量关系为 $R = 3.096e^{-0.06\sigma}$。计算分析结果表明无论煤体强度是提高还是降低，其塑性区影响半径基本一致，煤体自身力学强度对致裂范围影响甚小。计算分析结果表明随瓦斯压力的增加，液态二氧化碳相变致裂煤体的影响范围有增加的趋势，致裂影响半径与瓦斯压力变化拟合函数表达式为 $R = 0.041P_g + 0.743$。计算分析结果表明爆破孔之间的控制孔及微差起爆均对致裂塑性区影响甚小。三维计算分析结果表明致裂气体压力沿致裂器轴向并不是理想的均匀分布，导致最终致裂塑性区呈现以爆破孔轴向为长轴的近似椭圆体分布，两种工况对应的最大有效致裂半径分别为 0.50 m 和 0.60 m，最大致裂半径增加约为 20%；致裂体积分别为 0.50m³ 和 0.95 m³，致裂体积则增加近 1 倍。

（5）系统阐述了液态二氧化碳致裂增透技术原理、工作原理及特征，分别研制了液态二氧化碳相变致裂增透配套装备的五大系统，提出了回采工作面巷道预排瓦斯带和液态二氧化碳相变致裂增透范围的测定方法。

（6）实测研究了实验煤层瓦斯参数赋存规律，在回采工作面基于示踪气体法实测得出了液态二氧化碳相变致裂煤层的增透半径为 2 m，致裂使得距离爆破钻孔 1 m 的测试钻孔提高了钻孔瓦斯涌出量 8 倍，瓦斯涌出衰减系数降低 0.76 倍；距离爆破钻孔 2 m 的测试钻孔提高了钻孔瓦斯涌出量 4 倍，瓦斯涌出衰减系数降低 0.93 倍。在煤巷掘进工作面基于瓦斯含量和煤钻屑解析指标判定预抽时间分别由 30 d 减少为 15 d 或 16 d；对比实验还得出沿二氧化碳致裂器聚能方向和非聚能方向百米钻孔初始瓦斯涌出量相差 1.7 倍。

（7）回采工作面三组不同增透技术的对比实验结果表明：增透措施对煤体影响范围为水力压裂＞深孔聚能爆破＞液态二氧化碳相变致裂；抽采钻孔最大瓦斯体积分数为液态二氧化碳相变致裂＞深孔聚能爆破＞水力压裂；抽采钻孔内瓦斯衰减系数为液态二氧化碳相变致裂＜水力压裂＜深孔聚能爆破。同时对比实验还对不同增透技术在现场实施过程中的效益、效率、效果和安全性指标进行了量化。

（8）本书系统研究了液态二氧化碳相变致裂增透理论及其应用技术体系，研究表明液态二氧化碳相变致裂增透技术不受煤层地质条件制约，同时具有高效率、高效益和本质安全的特征。针对我国煤矿地域分布广阔和煤层地质条件复杂的现状，液态二氧化碳相变致裂增透技术具有良好的应用前景和推广价值。

8.2　创新点

（1）针对液态二氧化碳相变致裂的点式聚能非平衡压降气相压裂特性，本书首次提出并自主设计搭建了致裂压力测试物理实验平台，基于该实验平台研究得出模拟钻孔内致裂后不同位置压力峰值、升压时间及其函数关系，降压时间及其函数关系。

（2）通过对致裂器储气腔内相变致裂演化过程理论分析与数值计算，

本书研究得出了压力场、温度场、流场和气液比率的演变特征，从而揭示了储气腔内压力与相变沸腾耦合作用的流体动力学机理，并阐述了储气腔泄爆过程两相流动的特征。通过理论分析与计算不同影响因素下低渗透高瓦斯煤层液态二氧化碳相变致裂增透效果，研究得出了致裂钻孔预裂纹长度、地应力、煤体强度、瓦斯压力、控制孔和延时微差对致裂增透范围的控制作用，从而揭示了液态二氧化碳相变致裂增透的机理。

（3）基于液态二氧化碳相变致裂增透机理，本书自主设计研制了多点可控液态二氧化碳相变致裂增透配套装备的五大子系统，首次提出了回采工作面巷道预排瓦斯带和液态二氧化碳相变致裂增透范围的测定方法，以解决致裂增透应用效果评判的问题。通过在回采工作面开展不同增透技术普适性的对比实验研究，研究得出了不同增透技术的增透措施对煤体影响范围、抽采钻孔最大瓦斯体积分数和抽采钻孔内瓦斯衰减系数等对比参数，同时对比实验还对不同增透技术在现场实施过程中的效益、效率、效果和安全性指标进行了量化。

8.3　研究展望

本书针对液态二氧化碳相变致裂增透技术提高低渗透高瓦斯煤层的渗透性问题开展了系统研究，目前仍有一些问题需要解决和完善。

（1）对于液态二氧化碳相变致裂增透半径偏小的问题，后续将开发研制泄爆初始峰值压力（趋近于炸药）更大的致裂器，以提高气相压裂的影响范围。

（2）致裂器单一阀头泄爆导致在径向上存在非平衡压降的问题，导致了出现了致裂范围在径向上的差异性，可以改进致裂器结构避免压降导致的致裂效果不均的问题。

（3）优化封孔系统以提高增透效果。

参考文献

［1］蔡峰，刘泽功．2014．水不耦合装药对深孔预裂爆破应力波能量的影响［J］．中国安全生产科学技术，10（8）：16–21．

［2］蔡峰，刘泽功．2016．深部低透气性煤层上向穿层水力压裂强化增透技术［J］．煤炭学报，41（1）：113–119．

［3］蔡峰．2009．高瓦斯低透气性煤层深孔预裂爆破强化增透效应研究［D］．淮南：安徽理工大学．

［4］陈晨，吴国群，王铭锋，等．2017．影响二氧化碳致裂器起爆可靠性因素分析［J］．煤矿爆破，（4）：13–15．

［5］陈二瑞，赵磊，陈彦平．2016．综合水力压裂技术在丁集矿的应用分析［J］．安全，（1）：7–9．

［6］陈二瑞．2016．低透煤层水力压裂技术在石门揭煤中的应用［D］．淮南：安徽理工大学．

［7］陈静．2009．高压空气冲击煤体气体压力分布的模拟研究［D］．阜新：辽宁工程技术大学．

［8］陈善文，潘竞涛，贾男. 2016. 王家岭煤矿 CO_2 相变致裂煤层增透技术应用研究［J］. 煤炭技术，35（12）：175–177.

［9］陈喜恩，赵龙，王兆丰，等. 2016. 液态 CO2 相变致裂机理及应用技术研究［J］. 煤炭工程，48（9）：95–97.

［10］陈学习，徐永，金文广，等. 2016. 低透气性煤层定向水力压裂增透技术［J］. 辽宁工程技术大学学报（自然科学版），32（2）：124–128.

［11］陈彦龙，吴豪帅，张明伟，等. 2016. 煤层厚度与层间岩性对上保护层开采效果的影响研究［J］. 采矿与安全工程学报，33（4）：578–584.

［12］陈颖辉，白俊杰，申豹刚. 2017. 新元煤矿掘进工作面气相压裂效果分析［J］. 煤，26（11）：80–82.

［13］程桃，李玲. 2016. 下保护层开采覆岩裂隙演化规律模拟试验［J］. 世界科技研究与发展，38（1）：54–58.

［14］程志恒，齐庆新，李宏艳，等. 2016. 近距离煤层群叠加开采采动应力 – 裂隙动态演化特征实验研究［J］. 煤炭学报，41（2）：367–375.

［15］戴俊. 2002. 岩石动力学特性与爆破理论［M］. 北京：冶金工业出版社.

［16］邓健，雷云. 2016. 基于相同地质单元低透气性煤层聚能爆破增透对比试验研究［J］. 内蒙古煤炭经济，Z3：142–144.

［17］丁洋. 2013. 低透气性煤层深孔预裂爆破增透抽采瓦斯技术研究［D］. 西安：西安科技大学.

［18］董贺. 2015. 穿层水力冲孔增透预抽瓦斯技术研究［D］. 淮南：安徽理工大学.

［19］范迎春，霍中刚，姚永辉. 2014. 复杂条件下二氧化碳深孔预裂爆破增透技术［J］. 煤矿安全，45（11）：74–77.

［20］方家虎，高雅，张洋，等. 2016. 远距离下保护层开采卸压效果数值模拟研究［J］. 中国煤炭，42（3）：43–47.

［21］付江伟，王公忠，李鹏，等. 2016. 顶板水力致裂抽采瓦斯技术研究［J］. 中国安全科学学报，26（1）：109–115.

［22］高坤. 2013. 高能气体冲击煤体增透技术实验研究及应用［D］. 阜新：辽宁工程技术大学.

［23］高中宁，李艳增，王耀锋，等. 2014. 高压旋转射流在顺层钻孔强化抽采中的应用研究［J］. 煤炭技术，33（7）：62–65.

［24］宫伟力，谢天，赵世娇，等. 2016. 高压水射流粉碎技术制备水煤浆超细煤粉［J］. 煤炭科学技术，44（1）：210–215.

［25］龚国民. 2015. 突出煤层穿层钻孔增透强化瓦斯抽采消突技术及效果考察［J］. 矿业安全与环保，42（6）：83–89.

［26］郭臣业，沈大富，张翠兰，等. 2015. 煤矿井下控制水力压裂煤层增透关键技术及应用［J］. 煤炭科学技术，43（2）：114–118.

［27］郭志兴. 1994. 液态二氧化碳爆破筒及现场试爆［J］. 爆破，10（3）：72–74.

［28］韩亚北. 2014. 液态二氧化碳相变致裂增透机理研究［D］. 焦作：河南理工大学.

［29］韩颖，史晓辉，雷云，等. 2017. 液态 CO2 相变致裂增透预抽瓦斯

技术试验研究［J］. 煤矿安全, 48（10）: 17–20.

［30］郝富昌, 孙丽娟, 赵发军. 2016. 蠕变 – 渗流耦合作用下水力冲孔周围煤体渗透率时空演化规律［J］. 中国安全生产科学技术, 12（8）: 16–22.

［31］贺超. 2017. 基于二氧化碳深孔致裂增透技术的低透煤层瓦斯治理［J］. 煤炭科学技术, 45（6）: 67–72.

［32］洪林, 马驰, 陈帅. 2017. 二氧化碳爆破布置参数数值模拟［J］. 辽宁工程技术大学学报（自然科学版）, 36（10）: 1026–1030.

［33］洪紫杰, 王成, 熊祖强. 2017. 高瓦斯低透气性煤层 CO_2 相变致裂增透技术研究［J］. 中国安全生产科学技术, 13（1）: 39–45.

［34］黄茜. 2015. 热作用下固态二氧化碳 BLEVE 过程的理论与实验研究［D］. 北京: 北京理工大学.

［35］黄赛鹏, 姚艳斌, 崔金榜, 等. 2015. 煤储层水力压裂破裂压力影响因素数值模拟研究［J］. 煤炭科学技术, 43（4）: 123–126.

［36］黄园月, 尹岚岚, 倪昊, 等. 2015. 二氧化碳致裂器研制与应用［J］. 煤炭技术, 34（8）: 123–124.

［37］霍中刚. 2015. 二氧化碳致裂器深孔预裂爆破煤层增透新技术［J］. 煤炭科学技术, 43（2）: 80–83.

［38］贾承造, 张永峰, 赵霞. 2014. 中国天然气工业发展前景与挑战［J］. 天然气工业, 34（2）: 1–11.

［39］贾方旭. 2015. 高瓦斯低透煤层水力压裂石门揭煤技术与应用［D］. 淮南: 安徽理工大学.

［40］金衍, 程万, 陈勉. 2016. 页岩气储层压裂数值模拟技术研究进

展［J］．力学与实践，38（1）：1-9．

［41］景国勋．2014．2008-2013 年我国煤矿瓦斯事故规律分析［J］．安全与环境学报，14（5）：353-356．

［42］雷少鹏，李佳，梁双峰．2016．低渗透煤层中气相压裂技术的增透效果研究［J］．煤，25（3）：3-6．

［43］雷云，刘建军，张哨楠，等．一种测定煤矿回采工作面巷道预排瓦斯带宽度的方法［P］．四川：CN105675815A，2016-06-15．

［44］雷云，刘建军，张哨楠．2017．CO2 相变致裂本煤层增透技术研究［J］．工程地质学报，25（1）：215-221．

［45］雷云，王魁军，张兴华，等．2013．厚煤层综掘巷道煤壁瓦斯涌出规律分析［J］．煤矿安全，44（3）：170-172．

［46］李波，张路路，孙东辉，等．2016．水力冲孔措施研究进展及存在问题分析［J］．河南理工大学学报（自然科学版），35（1）：16-22．

［47］李昊龙，李佳．2016．气相压裂低渗难抽煤层瓦斯增透效果检验［J］．山西焦煤科技，40（2）：38-42．

［48］李经国，戴广龙，李庆明，等．2016．低透煤层水力压裂增透技术应用［J］．煤炭工程，48（1）：66-69．

［49］李圣伟，高明忠，谢晶，等．2016．保护层开采卸压增透效应及其定量表征方法研究［J］．四川大学学报（工程科学版），48（S1）：1-7．

［50］李守国，贾宝山，聂荣山，等．2017a．裂纹闭合对高压空致裂破冲击煤体瓦斯抽采效果影响［J］．煤炭学报，42（8）：2026-2030．

［51］李守国，姜文忠，贾宝山，等．2017b．低透气性煤层致裂增透技术应用与展望［J］．煤炭科学技术，45（6）：35-42．

［52］李守国，吕进国，贾宝山，等．2016．高压空致裂破低透气性煤层增透技术应用研究［J］．中国安全科学学报，26（4）：119-125．

［53］李守国．2015．高压空致裂破煤层增透关键技术与装备研发［J］．煤炭科学技术，43（2）：92-95．

［54］李艳增．2015．三维旋转水射流扩孔增透技术装备及应用［J］．煤矿安全，46（11）：124-127．

［55］李艳增．2016．螺旋辅助排渣水射流高压钻杆设计［J］．煤矿安全，47（7）：92-94．

［56］梁冰，王庆龙，陈宫．2016．深部高应力煤层卸压开采相似材料模拟试验［J］．安全与环境学报，16（1）：49-53．

［57］刘朝，明向军，曾丹苓，等．1997．液体理论极限过热度的确定工程热物理学报［J］．工程热物理学报，18（3）：265-269．

［58］刘东，王岩，赵海波．2017．亭南煤矿液态 CO_2 相变爆破强矿压解危技术［J］．煤矿安全，48（2）：86-88．

［59］刘广峰，王文举，李雪娇，等．2016．页岩气压裂技术现状及发展方向［J］．断块油气田，23（2）：235-239．

［60］刘浩，孙岩．2016．液态 CO_2 相变致裂增透煤层机理与应用研究［J］．能源技术与管理，41（4）：44-45．

［61］刘健，刘泽功，高魁，等．2016．不同装药模式爆破载荷作用下煤层裂隙扩展特征试验研究［J］．岩石力学与工程学报，35（4）：735-742．

［62］刘晓，马耕，苏现波，等. 2016. 煤矿井下水力压裂增透抽采瓦斯存在问题分析及对策［J］. 河南理工大学学报（自然科学版），35（3）：303–308.

［63］刘彦鹏. 2016. 高突矿井下水力冲孔有效半径考察及效果验证［J］. 煤，25（4）：20–22.

［64］刘永江. 2015. 新集二矿 A1 煤层水力冲孔技术研究［D］. 淮南：安徽理工大学.

［65］刘勇，戴彪，魏建平，等. 2016. 水射流卸压增透钻孔布置优化分析［J］. 中国安全生产科学技术，12（3）：21–25.

［66］刘勇，何岸，魏建平，等. 2016. 水射流卸压增透堵孔诱因及解堵新方法［J］. 煤炭学报，41（8）：1963–1967.

［67］柳占立，王涛，高岳，等. 2016. 页岩水力压裂的关键力学问题［J］. 固体力学学报，37（1）：34–49.

［68］鲁钟琪. 2002. 两相流与沸腾传热［M］. 北京：清华大学出版社.

［69］马耕，刘晓，李锋. 2016. 基于放矿理论的软煤水力冲孔孔洞形态特征研究［J］. 煤炭科学技术，44（11）：73–77.

［70］马耕，张帆，刘晓，等. 2016. 地应力对破裂压力和水力裂缝影响的试验研究［J］. 岩土力学，37（S2）：216–222.

［71］马念杰，郭晓菲，赵希栋，等. 2016. 煤与瓦斯共采钻孔增透半径理论分析与应用［J］. 煤炭学报，41（1）：120–127.

［72］聂荣山. 2016. 高压空致裂破煤体弹性分析［J］. 现代矿业，（8）：282–283.

［73］聂永瑞，吴林峰. 2016. 煤矿井下水力压裂增透抽采技术的研究与

应用［J］．煤炭与化工，39（1）：38-40.

［74］邱伟，罗新荣. 2016. 缓倾斜煤层开采上保护层卸压抽采瓦斯数值
模拟分析［J］．煤炭技术，35（10）：234-236.

［75］邱治强，高明忠，汪文勇，等. 2016. 不同保护层开采模式卸压增
透差异性研究［J］．矿业研究与开发，36（4）：11-15.

［76］任志成，杜刚，年军. 2017. 高瓦斯煤层液态 CO2 致裂消突巷道快
速掘进技术［J］．煤矿安全，48（5）：77-80.

［77］邵鹏，徐颖，程玉生. 1997. 高压气体爆破实验系统的研究［J］.
爆破器材，26（5）：6-8.

［78］石欣雨，文国军，白江浩，等. 2016. 煤岩水力压裂裂缝扩展物理
模拟实验［J］．煤炭学报，41（5）：1145-1151.

［79］史宁. 2011. 高压空气冲击煤体增透技术实验研究［D］．阜新：
辽宁工程技术大学.

［80］宋卫华，刘晨阳，赵健，等. 2016. 近距离下保护层开采覆岩运动相
似模拟实验［J］．中国地质灾害与防治学报，27（1）：147-152.

［81］宋宇辰，张朋伟，吕旭明，等. 2016. 水力冲孔在双煤层中最佳影
响半径分析［J］．煤炭技术，35（2）：159-161.

［82］孙建忠. 2015. 基于不同爆破致裂方式的液态二氧化碳相变增透应
用研究［D］．徐州：中国矿业大学.

［83］孙矩正，李东洋，粟登峰，等. 2016. 高压水射流割缝诱导钻孔喷
孔机理及防治措施［J］．煤矿安全，2016，47（2）：136-139.

［84］孙可明，辛利伟，王婷婷，等. 2017b. 超临界 CO2 致裂煤体致裂
规律模拟研究［J］．中国矿业大学学报，46（3）：501-506.

［85］孙可明，辛利伟，吴迪，等. 2017a. 初应力条件下超临界 CO2 致裂致裂规律研究［J］. 固体力学学报，38（5）：473–482.

［86］孙可明，辛利伟，张树翠，等. 2016. 超临界 CO2 致裂致裂规律实验研究［J］. 中国安全生产科学技术，12（7）：27–31.

［87］孙小明. 2014. 液态二氧化碳相变致裂穿层钻孔强化预抽瓦斯效果研究［D］. 焦作：河南理工大学.

［88］屠世浩，张村，杨冠宇，等. 2016. 采空区渗透率演化规律及卸压开采效果研究［J］. 采矿与安全工程学报，33（4）：571–577.

［89］汪开旺. 2016a. 高压空致裂破影响半径研究［J］. 现代矿业，（2）：228–229.

［90］汪开旺. 2016b. 高压空致裂破煤层增透效果考察［J］. 煤炭技术，35（9）：147–149.

［91］汪开旺. 2017. 高压空致裂破致裂效果影响因素分析［J］. 煤矿安全，48（5）：184–186.

［92］王道阳，申夏夏，杨雷，等. 2015. 穿层深孔爆破煤 – 岩界面装药增透试验研究［J］. 煤炭工程，47（12）：48–51.

［93］王海东，令狐建设，张兴华，等. 2016b. 二氧化碳相变煤层致裂导向射孔装置及防突与防冲方法［P］. 中国：CN201610265919. 2, 2016–04–26.

［94］王海东，张兴华，范洪利，等. 2016a. 二氧化碳相变煤层致裂器及利用方法［P］. 中国：CN105401930A, 2016–03–16.

［95］王海东，张兴华，范洪利，等. 2015. 等. 二氧化碳相变煤层致裂器及利用方法［P］. 中国：CN201510556527. 7, 2015–09–02.

［96］王海东. 2012. 深部开采低渗透煤层预裂控制爆破增透机理研究
　　　［D］. 哈尔滨: 中国地震局工程力学研究所.

［97］王海东. 2016. 突出煤层掘进工作面 CO2 可控相变致裂防突技
　　　术［J］. 煤炭科学技术, 44（3）: 70-74.

［98］王会斌, 王辉跃, 吝玉晓. 2015. 山西襄矿集团上良煤业 32206 工
　　　作面CO2预裂爆破增透消突试验研究[J].华北科技学院学报,12(2)
　　　33-36.

［99］王骏辉. 2016. 余吾煤业竖井水力压裂煤层增透技术应用基础研
　　　究［D］. 太原: 太原理工大学.

［100］王利, 王钦亭, 陈亚娟, 等. 2016. 水平煤层垂直井水力压裂裂缝
　　　扩展数值模拟［A］. 力学与工程应用（第十六卷）: 334-338.

［101］王庆慧. 2011. 压力容器蒸汽爆炸临界条件分析及后果仿真［D］.
　　　大庆: 东北石油大学.

［102］王维德. 2016. 煤体水力压裂声发射监测及失稳破裂特征实验研
　　　究［D］. 淮南: 安徽理工大学.

［103］王伟, 程远平, 袁亮, 等. 2016. 深部近距离上保护层底板裂隙演
　　　化及卸压瓦斯抽采时效性［J］. 煤炭学报, 41（1）: 138-148.

［104］王伟, 年军, 刘啸, 等. 2017. CO2 相变致裂增透技术在高瓦斯
　　　低渗透性厚煤层应用研究［J］. 煤炭技术, 36（8）: 167-168.

［105］王耀锋, 何学秋, 王恩元, 等. 2014. 水力化煤层增透技术研究
　　　进展及发展趋势［J］. 煤炭学报, 39（10）: 1945-1955.

［106］王耀锋. 2014. 三维旋转水射流与水力压裂联作增透技术研究
　　　［D］. 徐州: 中国矿业大学.

［107］王耀锋．2015．三维旋转水射流与水力压裂联作增透技术研究
　　　　［D］．徐州：中国矿业大学．

［108］王永辉，卢拥军，李永平，等．2012．非常规储层压裂改造技术
　　　　进展及应用［J］．石油学报，33（S1）：149-158．

［109］王兆丰，李豪君，陈喜恩，等．2015a．液态 CO_2 相变致裂煤层增
　　　　透技术布孔方式研究［J］．中国安全生产科学技术，11（9）：
　　　　11-16．

［110］王兆丰，孙小明，陆庭侃，等．2015b．液态 CO_2 相变致裂强化瓦
　　　　斯预抽试验研究［J］．河南理工大学学报（自然科学版），34（1）：
　　　　1-5．

［111］王兆丰，周大超，李豪君，等．2016．液态 CO_2 相变致裂二次增
　　　　透技术［J］．河南理工大学学报（自然科学版），35（5）：597-
　　　　600．

［112］王子雷．2017．CO_2 致裂器深孔预裂增透数值模拟研究［J］．煤
　　　　矿现代化，（6）：83-86．

［113］王子雷．2017．CO_2 致裂器深孔预裂煤体裂隙扩展范围试验研
　　　　究［J］．煤矿安全，48（6）：24-27．

［114］吴国群，张亮．2017．二氧化碳致裂器可靠性安全性的影响因素
　　　　分析［J］．煤矿机械，38（7）：48-49．

［115］吴国群．2016．二氧化碳致裂器安全度试验测定［J］．煤矿爆破，
　　　　（6）：5-6．

［116］吴海军．2015．基于深孔控制预裂爆破技术的松软厚煤层瓦斯抽
　　　　采效果考察［J］．煤矿安全，46（10）：90-93．

［117］吴家浩，王兆丰，王立国，等. 2015. 开采上保护层下伏煤岩应力效应演化规律［J］. 煤矿安全，46（10）：40-43.

［118］谢烽，曹攀，郝永亮. 2016. 基于 UDEC 煤体深孔预裂控制爆破数值模拟研究［J］. 爆破，33（1）：73-77.

［119］谢和平，高峰，鞠杨，等. 2016. 页岩气储层改造的体破裂理论与技术构想［J］. 科学通报，61（1）：36-46.

［120］谢雷. 2015. 潘三矿水力冲孔防突技术研究［D］. 淮南：安徽理工大学.

［121］谢正红，赵世伟，王永敬，等. 2015. 煤层深孔聚能爆破增透技术［J］. 煤矿安全，46（3）：62-64.

［122］徐颖，程玉生，王家来. 1997. 国外高压气体爆破［J］. 煤炭科学技术，25（5）：52-53.

［123］徐冬冬. 2016. 煤矿井下水力冲孔卸压抽采技术现状及展望［J］. 煤炭技术，35（2）：176-178.

［124］徐济鋆，鲁钟琪. 1993. 沸腾传热和气液两相流［M］. 北京：原子能出版社.

［125］徐青云，杨明，乔元栋，等. 2016. 丁集矿下保护层开采卸压保护范围研究［J］. 煤炭工程，48（2）：79-82.

［126］徐书根. 2010. 层板包扎容器多元物料蒸致裂炸及壳体力学响应研究［D］. 济南：山东大学.

［127］徐向宇，温志辉，陈永超，等. 2011. 掘进工作面控制预裂爆破有效影响半径测定［J］. 煤炭技术，30（11）：81-83.

［128］徐向宇，姚邦华，魏建平，等. 2016. 煤层预裂爆破应力波传播

规律及增透机理模拟研究〔J〕. 爆破, 33（2）: 32–38.

〔129〕徐颖, 程玉生. 1996. 高压气体爆破破煤机理模型试验研究〔J〕. 煤矿爆破, 14（3）: 1–4.

〔130〕许梦飞. 2016. 煤层中液态二氧化碳相变致裂半径的研究〔D〕. 焦作: 河南理工大学.

〔131〕闫浩, 张吉雄, 张强, 等. 2016. 巨厚火成岩下采动覆岩应力场 – 裂隙场耦合演化机制〔J〕. 煤炭学报, 41（9）: 2173–2179.

〔132〕杨军伟, 艾德春, 邱燕, 等. 2016. 近距离煤层群上保护层保护范围的数值模拟〔J〕. 中国煤炭, 42（9）: 36–40.

〔133〕杨文举. 2016. 超高压水射流破拆机器人液压系统设计与研究〔D〕. 天津: 天津职业技术师范大学.

〔134〕叶志恒. 2014. 液化气体储罐爆沸过程的数值模拟研究〔D〕. 大连: 大连理工大学.

〔135〕袁志刚, 任梅清, 沈永红, 等. 2016. 穿层钻孔煤巷条带水力压裂防突技术及应用〔J〕. 重庆大学学报, 39（1）: 72–78.

〔136〕詹德帅. 2017. 二氧化碳充装量与致裂效果的模拟分析〔D〕. 北京: 煤炭科学研究总院.

〔137〕张柏林, 李豪君, 张家行, 等. 2016a. 二氧化碳相变煤层致裂器处理煤矿巷道底鼓的方法〔P〕. 中国: CN106194258A, 2016-12-07.

〔138〕张柏林, 张兴华, 王海东, 等. 2016b. 二氧化碳相变破碎煤矿井下大块煤或矸石装置〔P〕. 中国: CN205349338U, 2016-06-29.

〔139〕张宏伟, 金宝圣, 霍丙杰, 等. 2016. 长平矿下保护层开采上覆

煤岩体卸压变形分析［J］. 辽宁工程技术大学学报（自然科学版），35（3）：225–230.

［140］张家行，张兴华，李豪君. 2017. CO2致裂技术机理及其在底鼓治理中的应用［J］. 煤矿安全，48（1）：70–73.

［141］张军胜. 2014. 高河煤矿气相压裂强化增透瓦斯快速抽采技术研究［D］. 焦作：河南理工大学.

［142］张俊生. 2016. 阳煤新景矿水力冲孔造穴增透技术考察研究［J］. 能源技术与管理，41（5）：57–58.

［143］张轲. 2016. 高压水射流回收废旧轮胎的试验研究［D］. 淮南：安徽理工大学.

［144］张遂安，袁玉，孟凡圆. 2016. 我国煤层气开发技术进展［J］. 煤炭科学技术，44（5）：1–5.

［145］张兴华，张柏林，范洪利，等. 2016. 二氧化碳相变破碎煤矿井下大块煤或矸石装置及破碎方法［P］. 中国：CN105422091A，2016–03–23.

［146］赵龙，王兆丰，孙矩正，等. 2016. 液态CO2相变致裂增透技术在高瓦斯低透煤层的应用［J］. 煤炭科学技术，44（3）：75–79.

［147］赵龙. 2016. 液态二氧化碳相变致裂影响半径时效性研究［D］. 焦作：河南理工大学.

［148］赵亚军，梁阿古拉. 2016. 孔间煤体水力压裂增透技术数值模拟研究［J］. 煤炭与化工，39（6）：105–108.

［149］郑文红，潘一山，李忠华，等. 2015. 三轴条件下煤体受压破裂电荷感应信号试验研究［J］. 工程地质学报，23（5）：924–929.

［150］周大超．2016．装液量对液态 CO2 相变致裂消突效果影响考察［D］．焦作：河南理工大学．

［151］周西华，门金龙，宋东平，等．2015a．煤层液态 CO2 爆破增透促抽瓦斯技术研究［J］．中国安全科学学报，25（2）：60-65．

［152］周西华，门金龙，宋东平，等．2016．液态 CO2 爆破煤层增透最优钻孔参数研究［J］．岩石力学与工程学报，35（3）：524-529．

［153］周西华，门金龙，王鹏辉，等．2015b．井下液态 CO2 爆破增透工业试验研究［J］．中国安全生产科学技术，11（9）：76-82．

［154］朱显伟．2015．方山矿二＿1 煤层水力冲孔技术研究及应用［D］．淮南：安徽理工大学．

［155］庄苗，柳占立，王涛，等．2016．页岩水力压裂的关键力学问题［J］．科学通报，61（1）：72-81．

［156］邹德龙，王岩，刘东，等．2017．液态二氧化碳致裂增透技术在下沟煤矿的应用［J］．现代矿业，33（1）：206-207．

［157］AKCIN N A．2000．Optimum conditions and results from theapplication of the air blasting excavation system［J］．Mineral　R esources Engineering，9（3）：323-334．

［158］Aleksandar Josifovic，Jennifer J．Roberts，Jonathan Corney，et al．2016．Reducing the environmental impact of hydraulic fracturing through design optimisation of positive displacement pumps［J］．Energy，115（11）：1216-1233．

［159］Banghua Yao，Qingqing Ma，Jianping Wei，et al．2016．Effect of protective coal seam mining and gas extraction on gas transport in a coal

seam ［J］. International Journal of Mining Science and Technology,
26（4）: 637–643.

［160］Bevin Durant, Noura Abualfaraj, Mira S. Olson, et al. 2016.
Assessing dermal exposure risk to workers from flowback water during
shale gas hydraulic fracturing activity ［J］. Journal of Natural Gas
Science and Engineering, 34（8）: 969–978.

［161］Bingxiang Huang, Qingying Cheng, Shuliang Chen. 2016.
Phenomenon of methane driven caused by hydraulic fracturing in
methane–bearing coal seams ［J］. International Journal of Mining
Science and Technology, 26（5）: 919–927.

［162］Cai F, Liu Z G. 2011. Intensified extracting gas and rapidly
diminishing outburst risk using deep–hole presplitting blast technology
before opening coal seam in shaft influenced by fault ［J］. Procedia
Engineering, 26: 418–423.

［163］Chunming Shen, Baiquan Lin, Chen Sun, et al. 2015. Analysis of
the stress‑permeability coupling property in water jet slotting coal and
its impact on methane drainage ［J］. Journal of Petroleum Science and
Engineering, 126（2）: 231–241.

［164］Dazhao Song, Zhentang Liu, Enyuan Wang, et al. 2015. Evaluation
of coal seam hydraulic fracturing using the direct current method ［J］.
International Journal of Rock Mechanics and Mining Sciences, 78（9）:
230–239.

［165］Diener R. Schmidt J R. 2004. Sizing of throttling device for gas/liquid two-phase flow part 1: Safety valves ［J］. Process Safety Progress, 23（4）: 335-344.

［166］Diener R. Schmidt J R. 2005. Sizing of throttling device for gas/liquid two-phase flow part 2: Control valves, orifices, and nozzles ［J］. Process Safety Progress, 24（1）: 29-37.

［167］Dongxiao Zhang, Tingyun Yang. 2016. Environmental impacts of hydraulic fracturing in shale gas development in the United States ［J］. Petroleum Exploration and Development, 42（6）: 876-883.

［168］Erzi Tang, Chong Peng. 2017. A macro- and microeconomic analysis of coal production in China. Resources Policy, 51（4）: 234-242.

［169］Fan-xin Kong, Jin-fu Chen, He-ming Wang, et al. 2017. Application of coagulation-UF hybrid process for shale gas fracturing flowback water recycling: Performance and fouling analysis ［J］. Journal of Membrane Science, 524（2）: 460-469.

［170］Fern K. Willits, Gene L. Theodori, A. E. Luloff. 2016. Correlates of perceived safe uses of hydraulic fracturing wastewater: Data from the Marcellus Shale ［J］. The Extractive Industries and Society, 3（3）: 727-735.

［171］Guangzhi Yin, Minghui Li, J. G. Wang, et al. 2015. Mechanical behavior and permeability evolution of gas infiltrated coals during protective layer mining ［J］. International Journal of Rock Mechanics and Mining Sciences, 80（12）: 292-301.

［172］Guo D Y, Shang D Y, Lü P F, et al. 2013. Experimental research of deep-hole cumulative blasting in hard roof weakening ［J］. Journal of China Coal Society, 38（7）: 1150-1153.

［173］Haibo Liu, Yuanping Cheng. 2015. The elimination of coal and gas outburst disasters by long distance lower protective seam mining combined with stress-relief gas extraction in the Huaibei coal mine area ［J］. Journal of Natural Gas Science and Engineering, 27（11）: 346-353.

［174］Haiyang Wang, Binwei Xia, Yiyu Lu, et al. 2016. Experimental study on sonic vibrating effects of cavitation water jets and its promotion effects on coalbed methane desorption ［J］. Fuel, 185（12）: 468-477.

［175］Hongxiang Jiang, Changlong Du, Jianghui Dong, et al. 2017. Investigation of rock cutting dust formation and suppression using water jets during mining ［J］. Powder Technology, 37（2）: 99-108.

［176］J. A. Sanchidrian, L. M. Lopez, P. Segarra. 2008. The influence of some blasting techniques on the probability of ignition of firedamp by permissible explosives ［J］. Journal of Hazardous Materials, 155（3）: 580-589.

［177］Jing Cai, Chungang Xu, Zhiming Xia, et al. 2017. Hydrate-based Methane Recovery from Coal Mine Methane Gas in Scale-up Equipment with Bubbling ［J］. Energy Procedia, 105（5）: 4983-4989.

［178］Jingyu Jiang, Yuanping Cheng, Peng Zhang, et al. 2015. CBM drainage engineering challenges and the technology of mining protective coal seam in the Dalong Mine, Tiefa Basin, China ［J］. Journal of

Natural Gas Science and Engineering, 24（5）: 412–414.

［179］Jos é M. Estrada, Rao Bhamidimarri. 2016. A review of the issues and treatment options for wastewater from shale gas extraction by hydraulic fracturing［J］. Fuel, 182（10）: 292–303.

［180］Jun S. Lee, Sung K. Ahn, Myung Sagong. 2016. Attenuation of blast vibration in tunneling using a pre–cut discontinuity［J］. Tunnelling and Underground Space Technology, 52（2）: 30–37.

［181］Junpeng Zou, Weizhong Chen, Jingqiang Yuan, et al. 2017. 3–D numerical simulation of hydraulic fracturing in a CBM reservoir［J］. Journal of Natural Gas Science and Engineering, 37（1）: 386–396.

［182］Kan Jin, Yuanping Cheng, Wei Wang, et al. 2016. Evaluation of the remote lower protective seam mining for coal mine gas control: A typical case study from the Zhuxianzhuang Coal Mine, Huaibei Coalfield, China［J］. Journal of Natural Gas Science and Engineering, 33（7）: 44–55.

［183］Kui Liu, Deli Gao, Yanbin Wang, et al. 2016. Effect of local loads on shale gas well integrity during hydraulic fracturing process［J］. Journal of Natural Gas Science and Engineering, 37（1）: 291–302.

［184］Leung J C. 1986. A generalized correlation for one–component homogeneous equilibrium flashing choked flow ［J］. AIChE journal, 32（10）: 1743–1746.

［185］Li Bo, Liu Mingju, Liu Yanwei, et al. 2011. Research on pressure relief scope of hydraulic flushing bore hole［J］. Procedia

Engineering, 26: 382–387.

[186] Liu J C, Wang H T, Yuan Z G, et al. 2011. Experimental study of pre-splitting blasting enhancing predrainage rate of low permeability heading Face [J]. Procedia Engineering, 26: 818 – 823.

[187] Liu J, Liu Z G, Xue J H, et al. 2015. Application of deep borehole blasting on fully mechanized hard top-coal pre-splitting and gas extraction in the special thick seam [J]. International Journal of Mining Science and Technology, 25 (5): 755–760.

[188] Liu Z G, Zhang Y H, Huang Z A, et al. 2012. Numerical simulating research on orifice pre-splitting blasting in coal seam [J]. Procedia Engineering, 45: 322–328.

[189] Longlian Cui, Liqian An, Weili Gong, , et al. 2007. A novel process for preparation of ultra-clean micronized coal by high pressure water jet comminution technique [J]. Fuel, 86 (5–6): 750–757.

[190] Łukasz Wojtecki, Maciej J. Mendecki, Wacław M. Zuberek, et al. 2016. An attempt to determine the seismic moment tensor of tremors induced by destress blasting in a coal seam [J]. International Journal of Rock Mechanics and Mining Sciences, 83 (3): 162–169.

[191] N. Careddu, O. Akkoyun. 2016. An investigation on the efficiency of water-jet technology for graffiti cleaning [J]. Journal of Cultural Heritage, 19 (5–6): 426–434.

[192] Naci Balak. 2016. Quadrantectomy for resection of spinal ependymomas with a new classification of unilateral approaches regarding bone drilling and

the use of a new tool: The Balak ball–tipped water jet dissector [J].
Interdisciplinary Neurosurgery, 5（9）: 18–25.

[193] Petr Konicek, Kamil Soucek, Lubomir Stas, et al. 2013. Long–hole destress blasting for rockburst control during deep underground coal mining [J]. International Journal of Rock Mechanics and Mining Sciences, 61（7）: 141–153.

[194] Piyush Rai, Hakan Schunnesson, Per–Arne Lindqvist, et al. 2016. Measurement–while–drilling technique and its scope in design and prediction of rock blasting [J]. International Journal of Mining Science and Technology, 26（4）: 711–719.

[195] Qiang Wang, Rongrong Li. 2017. Decline in China's coal consumption: An evidence of peak coal or a temporary blip? [J]. Energy Policy, 108（9）: 696–701.

[196] Quanle Zou, Quangui Li, Ting Liu, et al. 2017. Peak strength property of the pre–cracked similar material: Implications for the application of hydraulic slotting in ECBM [J]. Journal of Natural Gas Science and Engineering, 37（1）: 106–115.

[197] R. C. Reid. 1979. Possible Mechanism for Pressurized–Liquid Tank Explosions or BLEVE's [J]. Science, 203: 1263–1265.

[198] Talebi S, Abbasi F, Davilu H. 2009. A 2D numerical simulation of subcooled flow boiling at low– pressure and low– flow rates [J]. Nuclear Engineering and Design, 239: 140–146.

[199] Wang Rui–hong, Chen Ke–feng, Li De–yu, et al. 2009. Research

of ultra-fine comminuting coal with premixed water jet based on neural network [J]. Procedia Earth and Planetary Science, 2009, 1 (1): 1519-1524.

[200] Wang Z L, Chen X X, Xing S R. 2014. Study on stress field distribution characteristics under coal seam pre-splitting blasting [J]. Procedia Engineering, 84: 913-919.

[201] Wentao Feng, Patrick Were, Mengting Li, et al. 2016. Numerical study on hydraulic fracturing in tight gas formation in consideration of thermal effects and THM coupled processes [J]. Journal of Petroleum Science and Engineering, 2016, 146 (10): 241-254.

[202] Wentao Yin, Gui Fu, Chun Yang, et al. 2017. Fatal gas explosion accidents on Chinese coal mines and the characteristics of unsafe behaviors: 2000-2014 [J]. Safety Science, 92 (2): 173-179.

[203] Wu Xiang-Qian, Dou Lin-Ming, Lv Chang-Guo, et al. 2011. Research on Pressure-Relief Effort of Mining Upper-Protective Seam on Protected Seam [J]. Procedia Engineering, 26: 1089-1096.

[204] Xiangguo Kong, Enyuan Wang, Xiaofei Liu, et al. 2016. Coupled analysis about multi-factors to the effective influence radius of hydraulic flushing: Application of response surface methodology [J]. Journal of Natural Gas Science and Engineering, 32 (5): 538-548.

[205] Xiaodong Zhang, Shuo Zhang, Yanlei Yang, et al. 2016. Numerical simulation by hydraulic fracturing engineering based on fractal theory of fracture extending in the coal seam [J]. Journal of Natural Gas

Geoscience, 1（4）: 319-325.

［206］Xiaohui Liu, Songyong Liu, Huifu Ji. 2015. Numerical research on rock breaking performance of water jet based on SPH［J］. Powder Technology, 286（12）: 181-192.

［207］Yi Xue, Feng Gao, Yanan Gao, et al. 2016. Quantitative evaluation of stress-relief and permeability-increasing effects of overlying coal seams for coal mine methane drainage in Wulan coal mine［J］. Journal of Natural Gas Science and Engineering, 32（5）: 122-137.

［208］Yiyu Lu, Zhaolong Ge, Feng Yang, et al. 2017. Progress on the hydraulic measures for grid slotting and fracking to enhance coal seam permeability［J］. International Journal of Mining Science and Technology, 27（5）: 867-871.

［209］Yun Lei, Jianjun Liu, Shaonan Zhang, et al. 2017. Contrast test of different permeability improvement technologies for gas-rich low-permeability coal seams［J］. Journal of Natural Gas Science and Engineering, 33（7）: 1282-1290.

［210］Yuqing Sun, Season S. Chen, Daniel C. W. Tsang, et al. 2017. Zero-valent iron for the abatement of arsenate and selenate from flowback water of hydraulic fracturing［J］. Chemosphere, 167（1）: 163-170.

［211］Zhu W C, Wei C H, Li S, et al. 2013. Numerical modeling on destress blasting in coal seam for enhancing gas drainage［J］. International Journal of Rock Mechanics & Mining Sciences, 59（4）: 179-190.